双書⑯・大数学者の数学

アーベル（後編）
楕円関数論への道

高瀬正仁

現代数学社

Niels Henrik Abel(1802–1829)
『生誕100年記念文集』より

画：ヨーハン・ヨルビッツ
(1826年)

アーベルの生地の光景

はじめに

　アーベルの論文「楕円関数研究」は今日の楕円関数論の泉であり，西欧近代の数学の全史を顧みても古典中の古典の系譜に位置する傑作です．この作品を手にして楕円関数論の世界に親しみ始めてから優に 30 年を越える歳月が流れましたが，はじめてアーベルの世界に分け入ったときの驚きはあまりにも鮮明で，今も忘れられません．今日の語法では，楕円関数というのは全複素平面で定義されて，しかも 2 重周期をもつ解析関数のことですが，アーベルの時代にはまだ複素変数の解析関数論は存在していませんから，この定義を出発点とすることはできません．そこでアーベルはルジャンドルが提案した第 1 種楕円積分を書き，その逆関数に着目して楕円関数と呼び，2 重周期性をはじめめざましい諸性質を次々と明らかにしていったのだというふうに，いつしか諒解するようになっていました．

　源泉に直接触れる前に耳にしたうわさ話に誘われた思い込みですから，本当は確かな根拠はないのですが，それでいていかにももっともらしい感じがしたものでした．ところが実際にアーベルの論文を読み始めたところ，ほんの入り口に足を踏み入れたとたんにこの通説はたちまち消えてしまいました．幻影の雲散霧消と踵を接するようにしてにわかに浮上したのは，それならそもそも楕円関数論というのは何をめざして生れた理論なのだろう，アーベルの論文の表題に現れている「楕円関数」の一語は何を指しているのだろう，「楕円関数研究」という論文を書いたアーベルは何を研究しようとしているのだろうという，素朴な疑問の数々でした．

　楕円関数論の黎明については，「楕円関数研究」の書き出しのところでアーベル自身が語っています．アーベルはオイラーを引い

i

て変数分離型の微分方程式

$$\frac{dx}{\sqrt{\alpha+\beta x+\gamma x^2+\delta x^3+\varepsilon x^4}}+\frac{dy}{\sqrt{\alpha+\beta y+\gamma y^2+\delta y^3+\varepsilon y^4}}=0$$

を書き，オイラーはこの微分方程式の代数的積分の探索に成功したことを指摘して，楕円関数論はそこから始まったと言葉を続けました．楕円関数論の出発点が微分方程式論とは思いもよらないことで，驚くほかはありませんでしたが，オイラーが提示した微分方程式の形も不思議でしたし，「代数的積分」という言葉もよくわかりませんので，謎は深まるばかりでした．この間の消息を明らかにしたいと思い，オイラーを語るアーベルの声に誘われるままにオイラーとファニャノあたりに立ち返り，ランデン，ラグランジュ，ルジャンドルと，アーベルにいたる道を克明にたどりました．

アーベルが第1種楕円積分の逆関数に着目したのはまちがいなく，この点はうわさのとおりだったのですが，実に意外なことにその逆関数には名前がありませんでした．それならアーベルのいう楕円関数とは何かというと，今日の語法でいう楕円積分そのものです．アーベルの楕円関数論にはガウスの影響が色濃く射しているのですが，それはガウスの数学的意図を洞察したということであり，実際にはルジャンドルの著作で楕円関数論を学びました．ルジャンドルは今日の楕円積分を指して当初は「楕円的な超越物(transcendanntes elliptiques)」と呼んでいたのですが，あるときから「楕円関数」という呼称を提案しました．「関数」の一語はルジャンドルに先立ってすでにオイラーにもラグランジュにも積極的な使用例があるとはいうものの，「超越的なもの」の世界の特定の一区域を呼ぶのに「楕円関数」という言葉を持ち出すのはルジャンドルにとっては実に思い切った営為なのでした．アーベルはこれを踏襲したのですが，楕円積分を楕円関数と呼ぶというのは今日の目にはいかにも面妖で，大いに意表を突かれました．原

典を読まないとわからないことのひとつです.

　本書は前作『アーベル（前編）不可能の証明へ』の続篇です.アーベルの数学研究は「不可能の証明」，言い換えると，次数が4を越える一般代数方程式には根の公式がないということの証明の試みに始まりますが，前編では「不可能の証明」にいたるまでに代数方程式論がたどった道のりを語りました．「不可能の証明」の成功は大きな果実ではありますが，それでもなおアーベルの代数方程式論研究の一里塚にすぎず，その先にはなお広い世界が開かれています．

　高次の一般代数方程式の根の公式は存在しないにしても，次数の高低とは無関係に代数的に解ける方程式もまた存在します．そのひとつはガウスの円周等分方程式論の場に出現した巡回方程式です.

　ガウスは円周等分方程式の根を複素指数関数という超越関数の特殊値として表示し，指数関数の性質に基づいて，巡回性という諸根の相互関係を明らかにしました．ガウスの円周等分方程式論はガウスの著作『アリトメチカ研究』の第7章に叙述されているのですが，その序説の場所になぜか1個のレムニスケート積分がぽつんと書かれていて，この積分に依拠する超越関数についても同様の理論が成立するかのような言葉が添えられていました．ありやなしやというほどの片言隻句にすぎませんが，アーベルの目にはガウスの営為の本質がありありと映じたのでしょう．円周等分の理論においてガウスがそうしたように，アーベルは第1種楕円積分の逆関数に着目して等分方程式を書き下し，その代数的可解性に焦点をあてて思索を続けました．ここから生れたのがアーベル方程式の概念です．

　アーベルは楕円関数の等分理論の探索の途次，さまざまな代数方程式に出会いました．それらの中には代数的に解けるものもあれば解けないものもあり，解けるものはみな巡回方程式でし

た．一般に代数的に解けないのはモジュラー方程式と呼ばれる方程式で，周期等分方程式の解法がそこに帰着されていくのですが，ここにおいてアーベルはモジュラー方程式もしくは周期等分方程式それ自体の代数的可解条件の探索という，新たな問題に逢着しました．アーベル方程式の概念が登場するのはまさしくこの場面においてです．巡回方程式に加えて「アーベル方程式」を提示したという一事に，アーベルに及ぼされたガウスの影響の大きさと，ガウスの理論を包んでいた神秘のベールをあばいたアーベルの洞察力が，二つながらありありと現れています．真に驚くべきは，どこまでもガウスに共鳴し，しかもやすやすとガウスを越えていくアーベルの情緒の力です．

　代数方程式論と楕円関数論は両々相俟ってアーベルの数学的世界を支える二本の主柱を作り，19世紀を経由して21世紀の現在に及ぶ数学の大河の源泉になりました．前作の『アーベル（前編）』と合わせて，本書がアーベルの人と学問への親しみを深める契機となるよう，心より望んでいます．

平成28年6月15日
高瀬正仁

目 次

はじめに .... *i*

1. オイラーの分離方程式 *1*
   「クレルレの数学誌」 *1*
   「楕円関数研究」の原テキスト *3*
   ヤコビの変換理論 *5*
   アーベルの「補記」 *6*
   二つの「アーベル全集」 *8*
   「楕円関数研究」の序文より *9*
   微分方程式とは何か *12*

2. オイラーの楕円関数論 *13*
   オイラーの2論文 *13*
   微分方程式の代数的積分 *16*
   ファニャノの発見 *21*
   ファニャノ伯爵 *23*

3. ファニャノとレムニスケート積分 *27*
   レムニスケート曲線の弧長測定(その1) アーベルの計算 *27*
   側心等時曲線とレムニスケート曲線 *29*
   レムニスケート曲線の弧長測定(その2) 直弧と逆弧 *31*
   楕円の弧長の測定 *33*
   等辺双曲線の弧長の測定 *34*
   レムニスケート曲線の求長 *36*
   レムニスケート積分の形を変えない変数変換 *37*
   変数変換のいろいろ *38*

v

4. レムニスケート曲線の等分理論 ……………………… *41*
変数変換のいろいろ(続) ……………………………… *41*
レムニスケート曲線の一般弧の2等分 ……………… *43*
レムニスケート曲線の4分の1部分の3等分 ……… *46*
レムニスケート曲線の4分の1部分の5等分 ……… *48*
レムニスケート等分の続き …………………………… *49*
再びオイラーへ ………………………………………… *50*
レムニスケート積分の加法定理 ……………………… *53*
倍角の公式 ……………………………………………… *54*

5. オイラーからルジャンドルへ …………………… *57*
微分方程式 $\dfrac{dx}{\sqrt{1-x^4}} = \dfrac{2dy}{\sqrt{1-y^4}}$ の完全積分 … *57*

微分方程式 $\dfrac{mdx}{\sqrt{1-x^4}} = \dfrac{ndy}{\sqrt{1-y^4}}$ の完全積分 … *58*

分離方程式の代数的積分 ……………………………… *59*
ルジャンドルの楕円関数論 …………………………… *62*
ヤコビとルジャンドル ………………………………… *64*
変換理論 ………………………………………………… *66*
ルジャンドルの『積分演習』 ………………………… *66*
「超越的なもの」のあれこれ ………………………… *68*

6. 楕円関数の呼称の由来 ……………………………… *71*
微分式の積分 …………………………………………… *71*
「超越的なもの」の序列について …………………… *72*
「超越的なるもの」とは ……………………………… *74*
ファニャノからオイラーへ …………………………… *76*
ランデン変換 …………………………………………… *78*
楕円の無限系列 ………………………………………… *81*
「楕円的」とは何か …………………………………… *84*

7. ルジャンドルの楕円関数とアーベルの逆関数 ………………… 87
   ルジャンドルの楕円関数 ……………………………………… 87
   第1種逆関数 …………………………………………………… 88
   三つの関数 $\varphi\alpha, f\alpha, F\alpha$ ……………………………………… 90
   関数 $\varphi\alpha, f\alpha, F\alpha$ の定義域の拡張 ……………………… 91
   逆関数の加法定理 ……………………………………………… 93
   いろいろな公式 ………………………………………………… 95
   三つの関数の極 ………………………………………………… 97
   関数 $\varphi\alpha, f\alpha, F\alpha$ の周期性 ………………………………… 99

8. 楕円関数の等分方程式 ………………………………………… 101
   定義域の拡大 …………………………………………………… 101
   三つの関数 $\varphi\alpha, f\alpha, F\alpha$ の極と零点 …………………… 102
   倍角の公式 ……………………………………………………… 103
   一般等分方程式と特殊等分方程式 …………………………… 105
   一般等分方程式の解法(その1) ……………………………… 107
   一般等分方程式の解法(その2) ……………………………… 109
   一般等分方程式の解法(その3) ……………………………… 109
   特殊等分方程式の解法 ………………………………………… 110
   等分方程式の代数的解法 ……………………………………… 112
   正弦と余弦の等分方程式 ……………………………………… 114

9. 微分方程式と等分方程式 ……………………………………… 117
   三角関数の2倍角の公式 ……………………………………… 117
   三角関数の加法定理 …………………………………………… 118
   微分方程式 $\dfrac{dx}{\sqrt{1-x^4}} = \dfrac{dy}{\sqrt{1-y^4}}$ 再考 ……………… 120
   奇数等分方程式の解法 (その1) ……………………………… 122
   奇数等分方程式の解法 (その2) ……………………………… 125
   奇数等分方程式の解法 (その3) ……………………………… 129

10. 等分方程式とモジュラー方程式 … *131*
　一般等分方程式の代数的解法（続） … *131*
　$\varphi_1\beta$ から $\varphi\beta$ へ … *134*
　二つの周期等分値 … *138*
　方程式 $P_{2n+1}=0$ … *139*
　表示を簡易化する … *142*
　モジュラー方程式 … *144*

11. ガウスのように … *145*
　レムニスケートの等分方程式 … *145*
　特殊等分方程式の解法は
　　　n 次方程式と $2n+2$ 次方程式の解法に帰着される … *147*
　n 次方程式を解く（その1） … *148*
　n 次方程式を解く（その2） … *149*
　n 次方程式を解く（その3） … *151*
　n 次方程式を解く（その4） … *154*
　巡回方程式 … *155*
　モジュラー方程式の代数的可解性をめぐって … *157*

12. レムニスケート関数の特殊等分方程式 … *159*
　虚数乗法論に向かう … *159*
　レムニスケート関数の等分方程式 … *161*
　レムニスケート関数の加法定理 … *162*
　直角三角形の基本定理とレムニスケート関数の虚数等分 … *165*
　レムニスケート関数の虚数等分方程式 … *167*
　虚数等分方程式の根の表示式の変形 … *168*
　方程式 $T=0$ の次数 … *170*

13. 虚数乗法論への道 … *173*

レムニスケート曲線の等分とレムニスケート関数の等分 …… *173*
　　虚数等分方程式 $T=0$ …………………………………… *175*
　　虚数等分値から実等分値へ ……………………………… *176*
　　定規とコンパスによるレムニスケート曲線の等分 ……… *178*
　　もうひとつの場合 ………………………………………… *179*
　　定規とコンパスによるレムニスケート曲線の等分(続) …… *180*
　　楕円関数の変換理論 ……………………………………… *182*
　　モジュラー方程式 ………………………………………… *184*
　　分離方程式の代数的積分 ………………………………… *185*

14. 虚数乗法をもつ楕円関数 …………………………………… *189*
　　レムニスケート関数の虚数乗法の回想 ………………… *189*
　　分離微分方程式のいろいろ ……………………………… *191*
　　$n=1$ の場合 ……………………………………………… *192*
　　$n=2$ の場合 ……………………………………………… *193*
　　虚数乗法の理論 …………………………………………… *194*
　　変換理論の続き …………………………………………… *196*
　　分離方程式の代数的可積分条件のもうひとつの表現様式 …… *198*
　　虚数乗法をもつ楕円関数 ………………………………… *199*

15. 楕円関数論の将来 ——虚数乗法論とアーベル関数論 …… *201*
　　楕円関数論の二つの泉 …………………………………… *201*
　　加法定理と等分方程式 …………………………………… *202*
　　ヤコビの変換理論 ………………………………………… *204*
　　「楕円関数論概説」 ………………………………………… *206*
　　楕円関数論とアーベル方程式 …………………………… *208*
　　方程式の代数的可解性をめぐって ……………………… *210*
　　アーベルの二人の継承者 ——クロネッカーとヤコビ …… *212*

あとがき	215
参考文献	227
人名表	227
索引	229

第1章
オイラーの分離方程式

　30年余の昔，西欧近代の数学の全古典読解を志して，まずはじめに取り組んだのはガウスの著作『アリトメチカ研究』とアーベルの論文「楕円関数研究」でした．この二つの作品に着目したのはそれぞれ数論と楕円関数論の泉と思われたからですが，もう少し具体的に回想すると，高木貞治先生の著作『近世数学史談』の影響が大きかったように思います．

　『近世数学史談』は小さな書物ではありますが，高木先生は数学の古典に直接採集してテーマを選び，数学と数学者を縦横に語っています．「数学のある数学史」という，数学史叙述の本来あるべき姿が実現されていて，数学と数学者は切り離すことができないという端的な事実がありありと示されているのですが，わけても高木先生が力を込めて語っているのはガウスとアーベルです．ガウスの著作はラテン語で表記され，アーベルの論文はフランス語で書かれています．羅和辞典と仏和辞典を座右に置いて，ガウスとアーベルを解読しようと苦心を重ねていたころのあれこれが，なつかしく思い出されます．

「クレルレの数学誌」

　アーベルの論文「楕円関数研究」ははじめ，クレルレが創刊した数学の学術誌，通称を「クレルレの数学誌」というのですが，

> **12.**
> **Recherches sur les fonctions elliptiques.**
> (Par M. *N. H. Abel.*)
>
> Depuis longtemps les fonctions logarithmiques, et les fonctions exponentielles et circulaires ont été les seules fonctions transcendantes, qui ont attiré l'attention des géomètres. Ce n'est que dans les derniers tems, qu'on a commencé à en considérer quelques autres. Parmi celles-ci il faut distinguer les fonctions, nommées elliptiques, tant pour leurs belles propriétés analytiques, que pour leur application dans les diverses branches des mathématiques. La première idée de ces fonctions a été donnée par l'immortel Euler, en démontrant, que l'équation séparée
> $$1. \quad \frac{\partial x}{\sqrt{(\alpha + \beta x + \gamma x^2 + \delta x^3 + \varepsilon x^4)}} + \frac{\partial y}{\sqrt{(\alpha + \beta y + \gamma y^2 + \delta y^3 + \varepsilon y^4)}} = 0$$
> est intégrable algébriquement. Après Euler, Lagrange y a ajouté quelque chose, en donnant son élégante théorie de la transformation de l'intégrale $\int \frac{R \cdot \partial x}{\sqrt{[(1-p^2 x^2)(1-q^2 x^2)]}}$, où R est une fonction rationnelle de x. Mais le premier et, si je ne me trompe, le seul, qui ait approfondi la nature de ces fonctions, est M. Legendre, qui, d'abord dans un mémoire sur les fonctions elliptiques, et ensuite dans ses excellents exercices de mathématiques, a développé nombre de propriétés élégantes de ces fonctions, et a montré leur application. Lors de la publication de cet ouvrage, rien n'a été ajouté à la théorie de M. Legendre. Je crois, qu'on ne verra pas ici sans plaisir des recherches ultérieures sur ces fonctions.
>
> En général on comprend sous la dénomination de fonctions elliptiques, toute fonction, comprise dans l'intégrale
> $$\int \frac{R \partial x}{\sqrt{(\alpha + \beta x + \gamma x^2 + \delta x^3 + \varepsilon x^4)}},$$
> où R est une fonction rationnelle et α, β, γ, δ, ε sont des quantités constantes et réelles. M. Legendre a démontré, que par des substitu-
>
> Crelle's Journal. II. Bd. 2. Hft.   14

「楕円関数研究」第 1 頁

「純粋数学と応用数学のためのジャーナル」に掲載されました．誌名の通り「純粋数学」と「応用数学」の 2 部門で編成されていて，「純粋数学」は解析，幾何，力学の 3 部門で構成されています．当初は応用数学部門も明確に一領域を占めていたのですが，次第に影が薄くなり，ほぼ純粋数学の専門誌になりました．

　各巻は 4 分冊で編成されていて，原則として年に 4 回，分冊が刊行されますが，何かの都合で原則が破れることもあったようで，第 4 分冊の出版が次年の年初にずれ込むこともありました．掲載された諸論文には通し番号が附されています．たとえば，少し後に詳しく報告しますが，アーベルの「楕円関数研究」の前半は第 2 巻の第 12 番目の論文です．

　1826 年の年初の 2 月から 3 月にかけての時期に，第 1 巻の第

1分冊が刊行されましたが，そこにはアーベルの論文「二つの独立変化量 x と y の関数であって，$f(z, f(x,y))$ が，z, x および y の対称関数になるという性質を備えている関数 $f(x,y)$ の研究」(11–15頁) が掲載されています．前年の秋10月，パリをめざす大旅行の途次，ベルリンに立ち寄ったアーベルはクレルレを訪問し，22歳もの年齢の差を越えてたちまち親しい友になりました．おりしもクレルレが企画した新たな数学誌の創刊がいよいよ間近に迫っていたころであり，若年で (1825年10月の時点でアーベルは満23歳でした) 無名のアーベルにとって，数学的思索の成果を世に問うための恰好の舞台が設置されたのでした．この出会いはクレルレにとっても幸運で，「クレルレの数学誌」が学術誌として今日に続くきわめて高い評価を得ることができたのは，アーベルの傑作が次々と掲載されたおかげです．

　第1巻，第1分冊にはアーベルのいわゆる「不可能の証明」を叙述する論文「4次を越える一般方程式を代数的に解くのは不可能であることの証明」も掲載されています．65頁から84頁まで，20頁を占める作品です．

「楕円関数研究」の原テキスト

　「楕円関数研究」は前半と後半の二つに分けて，「クレルレの数学誌」に2回にわたって掲載されました．前半は第1章から第7章までで，1827年の第2巻の第2分冊に掲載されました．既述の通り，第12論文です．第2分冊が刊行されたのは9月20日．101頁から181頁まで，81頁です．この時期のアーベルの所在地は母国ノルウェーのクリスチャニアです．末尾に「この続きは次の分冊」と明記されていますので，原稿はできあがっていたのではないかと思われるのですが，後半は第3分冊 (12月12日発行) にも

第4分冊 (1828年1月12日発行) にも掲載されませんでした.

「楕円関数研究」の後半は第8章から第10章までで,「クレルレの数学誌」の第3巻,第2分冊に掲載されました.発行日は1828年5月26日ですから,前半が掲載されてから,この間に8箇月の歳月が流れています.これで「楕円関数研究」のテキストが出揃いました.

「楕円関数研究」の後半は通し番号で見ると第14論文で,160頁から190頁まで,31頁を占めていますが,実は本文は187頁までで終わっていて,187頁から190頁までは「前掲論文への補記」という別の記事にあてられています.「前掲論文」というのは「楕円関数研究」の後半そのもののことにほかなりません.

このあたりの消息をもう少し精密に観察すると「クレルレの数学誌」に後半が掲載されたときの論文名は当然のことながら「楕円関数研究」なのですが,その標題の下に小さい字で「本誌の第2巻,第2分冊,第12論文の続き」と記されています.そのうえでそこのところにさらに脚註が附されていて,「[この論文の]著者はこの続篇を1828年2月12日付で編集者のもとに届けた」という言葉が読み取れます.

これらの断片的な情報を集めて勘案すると,おおよそこんなふうに考えられそうに思います.アーベルは「楕円関数研究」を第7章まで書き上げたところでクレルレのもとに送付して,そこまでがまず「クレルレの数学誌」第2巻,第2分冊に掲載されました.その第2分冊の刊行は1827年9月20日です.後半の三つの章 (第8〜10章) もまたこの時点ですでに書き上げられていて,アーベルはクレルレのもとに送付して,次の第3分冊に掲載してもらう考えでした.ところがこの段階で何かしらアーベルの手をわずらわせる事件が起こり,そのために送付が大幅に遅れてしまったのでした.

この推測を裏付けるに足る事件は実際に存在します．それは楕円関数論の場でのヤコビとの遭遇という一事です．

ヤコビの変換理論

ガウスの友人にシューマッハーという天文学者がいて，「天文報知」という天文学の学術誌を主宰していたのですが，1827年9月，すなわちアーベルの「楕円関数研究」の前半が「クレルレの数学誌」に掲載されたのと同じ月に「天文報知」の第6巻，第123号が刊行され，そこに「ケーニヒスベルク大学のヤコビ氏の，2通のシューマッハー氏宛書簡からの抜粋」という記事が掲載されました．ヤコビがシューマッハーに宛てて書いた二通の手紙の抜粋ですから，アーベルの「楕円関数研究」のような論文の形の記事ではありませんが，ヤコビは楕円関数の変換理論において新たな事実を発見し，それを書き綴ってシューマッハーのもとに送付したのですから，実質的に論文と同じです．2通の手紙の日付はそれぞれ6月13日と8月2日です．

6月13日付の第1書簡において変換理論に関する二つの個別的な命題が書き留められたのに続いて，8月2日付の第2書簡ではひとつの一般定理が報告されました．シューマッハーはヤコビの発見の値打ちを認めて「天文報知」に掲載したのですが，シューマッハーにヤコビの発見を評価するだけの数学の力があったのかどうか，そのあたりは疑問です．当時，楕円関数論の領域で盛んに発言を重ねていたのはパリのルジャンドルですが，1752年9月18日にパリに生れたルジャンドルは，1827年9月の時点ですでに75歳という高齢に達していました．楕円関数論や数論に関する多くの著作があり，パリの科学アカデミーの会員でもありますし，華やかな数学者が蝟集するフランスの数学界を代表する

人物のひとりでした．楕円関数論の研究で評価を受けるというのはルジャンドルに評価されることと同じ意味になりますが，そのあたりの消息はヤコビも承知していたようで，ルジャンドルにも手紙を書いて，シューマッハー宛の第2書簡と同じ「一般定理」を伝えました．その日付は1827年8月5日です．

ヤコビの試みは成功し，ルジャンドルの賞賛を受けることになり，ドイツでのヤコビの評価も高まりました．ヤコビの手紙を「天文報知」に掲載するというシューマッハーの決意の背景には，ルジャンドルの評価を得たという事情が控えていたのであろうと思われます．ただし，ヤコビがシューマッハーとルジャンドルに伝えたのは命題の言明のみで，証明は添えられていませんでした．

アーベルの「補記」

ヤコビの発見はかつてルジャンドルが行き当たった壁を乗り越えるという性格のものでしたので，ルジャンドルは即座に数学的な意味を理解し，高い評価を附与することができたのですが，そのルジャンドルは同時に証明の仕方を尋ねてきました．自分の行く手をさえぎった高い壁を，ヤコビがどのようにして越えたのか，大いに興味をかきたてられたのでしょう．それで証明を伝えてほしいとヤコビに要請したのですが，シューマッハーとルジャンドルに宛てて手紙を書いた時点ではヤコビはまだ証明をもっていませんでした．ルジャンドルの要請はもっともですので証明を書き上げようと苦心を重ね，この年の11月になってようやく成功し，「天文報知」第6巻，第127号に「楕円関数の理論に関する一定理の証明」という論文を出して証明を報告しました．ところがその証明には「第1種楕円積分の逆関数」というアイデアが使われていました．ここのところに数学史の視点から見て興味深

い問題がひそんでいます．というのは，このアイデアの出所はほかならぬアーベルの「楕円関数研究」だったからです．一般定理の形状もまた洗練されたものになっていました．ヤコビの論文の末尾に附された日付は1827年11月18日．掲載誌が刊行されたのは同年12月です．

おりしも「楕円関数研究」と前後して公表されたヤコビの二通の書簡を見たアーベルが大きな衝撃を受けたであろうことは，想像に難くありません．なぜなら，ヤコビの書簡で報告されたことは「楕円関数研究」と重なる部分があるからです．楕円関数論の領域において，ヤコビはアーベルの眼前に唐突に現れた強力なライバルでした．ヤコビの一般定理は，今しも送稿しつつあった「楕円関数研究」の後半部で与えられた定理の特別の場合にすぎないのですが，アーベルはそのことをただちに洞察し，細部にわたって書き表しました．それが，「楕円関数研究」の後半の末尾に附された「補記」の内容です．アーベルはアーベルの立場からヤコビの一般定理の証明を与えたのですが，アーベルの証明は「第1種楕円積分の逆関数」というアイデアに基づいているのですから本質的にヤコビの証明と同じです．ヤコビはアーベルの「楕円関数研究」を見てアーベルのアイデアを認識し，「一般定理」の証明に援用できることを即座に理解したのでしょう．

アーベルの「前掲論文への補記」は次のように書き出されています．

> 楕円関数に関する上記の論文を仕上げたとき，「天文報知」という標題をもつシューマッハー氏の雑誌の1827年123号に掲載された，楕円関数に関するヤコビ氏の覚書が私の目に留まった．

「楕円関数研究」の後半の公表が遅れた理由がはっきりと書かれています．

二つの「アーベル全集」

「楕円関数研究」の内陣に分け入っていく前に,テキストの話をもう少し続けたいと思います.それはアーベルの全集のことなのですが,アーベル全集は二度,編纂されました.最初の全集はアーベルの数学の師匠であり親しい友でもあるホルンボエが編集したもので,アーベルの没後10年にあたる1839年に刊行されました.ホルンボエによる序文の日付は1838年12月31日.全2巻.第1巻には「クレルレの数学誌」や「天文報知」などの学術誌に掲載された論文が収録されました.全部で21篇です.巻頭に長文の「アーベルの生涯」が配置されています.目次や巻末の正誤表などをみな除いて本文だけで479頁になります.第2巻には公表にいたらなかったアーベルの遺稿が収録されています.全部で22篇.本文294頁.ほかに序文,目次,正誤表がついています.二度目の全集はアーベルの後輩になるノルウェーの二人の数学者シローとリーが編纂し,1881年に刊行されました.最初の全集を土台にしていますので,全2巻であることなど,全体の構成の形は同じですが,後に発見された書き物を新たに収録しましたので収録論文数が増えました.第1巻の巻頭には編纂者の序文が配置されています.日付は1881年8月.収録論文数は29篇ですので,前の全集より8篇増えました.頁数も増加して619頁にもなっています.第2巻は1篇増えて23篇になっています.本文は279頁.ただし編纂上の工夫が反映していますので,二つの全集を単純に比較することはできません.

「パリの論文」はアーベルがパリの科学アカデミーに提出した後,しばらく行方不明になっていましたので,最初の全集には収録されなかったのですが,後に発見され,二度目の全集の第1巻に収録されました.これは特筆に値する出来事です.

楕円関数論に関連する主な論文を拾うと,「楕円関数研究」をはじめとして,

「楕円関数の変換に関するある一般的問題の解決」(1828 年)

「楕円関数論概説」(1829 年)

などがあります. また,

「ある特別の種類の代数的可解方程式族について」(1829 年)

はアーベル方程式の代数的可解性を論じたもので, 代数方程式論ですので楕円関数論と直接の関係はないのですが, アーベル方程式の概念は楕円関数論の等分理論から派生して生じたものですので, 楕円関数論と同じ範疇において考察するのがよいと思います.

また,「パリの論文」および 2 篇の論文

「ある種の超越関数の二, 三の一般的性質に関する諸注意」(1829 年)

「ある超越関数族のひとつの一般的性質の証明」(1829 年)

のテーマは楕円関数ではなくアーベル関数なのですが, アーベルは楕円関数もアーベル関数も一挙に考察していますので, 切り離して論じるのはやはり不適当です.

「楕円関数研究」の序文より

アーベルの楕円関数論研究の姿をおおよそ概観しましたので,「楕円関数研究」の序文を読んでみたいと思います.

長い間, 幾何学者たちの注意をひいた超越関数は, 対数関数, 指数関数, それに円関数のみであった. そのほかの二, 三の超越関数の考察が始まったのはごく最近のことにすぎない. それらの超越関数の間で, もろもろの美しい解析的性質

のために，また数学のさまざまな分野における応用のために，楕円関数と名づけられる関数を区別しなければならない．

ここでは，広く関数を考察するという立場に立って，そのうえで楕円関数というものに焦点をあてようとする方針が表明されています．超越関数というものの例がいくつか挙げられていますが，超越関数という言葉は「代数関数ではない関数」というほどの意味合いで使われています．それなら代数関数とは何かという疑問が生じますが，この問題はおいおい考えていくことにして，ここでは関数には代数関数と超越関数の区分けがあることに留意しておきたいと思います．

> このような関数の最初のアイデアは，分離方程式
> $$\frac{dx}{\sqrt{\alpha+\beta x+\gamma x^2+\delta x^3+\varepsilon x^4}}+\frac{dy}{\sqrt{\alpha+\beta y+\gamma y^2+\delta y^3+\varepsilon y^4}}=0$$
> が代数的に積分可能であることを証明する際に，不滅のオイラーによって与えられた．オイラーの後，ラグランジュは積分 $\int \frac{Rdx}{\sqrt{(1-p^2x^2)(1-q^2x^2)}}$，ここで R は x の有理関数，の変換に関するエレガントな理論を与えて，いくばくか貢献した．しかし，これらの関数の本性を深く究明した最初の人，そしてもし私が思い違いをしているのでなければ唯一の人物はルジャンドル氏である．ルジャンドル氏はまず楕円関数に関する一論文の中で，続いてそのすばらしい『数学演習』の中で，これらの関数のエレガントな性質の数々を繰り広げ，またその応用を示した．この著作の刊行以来，ルジャンドル氏の理論に付け加えられたものは何もなかった．これらの関数に関するその後の諸研究を，喜びを味わうことなく目にする者はないであろうと私は思う．

「このような関数」というのはもとより楕円関数を指しますが，

この段階で語られたのは楕円関数という言葉のみであり,実際の姿はまだわかりません.アーベルは楕円関数論の創始者をオイラーと見ているようで,オイラーが取り上げたという分離型微分方程式を書くことから楕円関数論の物語を説き起こしました.ところが,この一番はじめの言葉からしてすでに不可解で,不明瞭な印象に覆われています.

オイラーが提起した微分方程式は二つの変数 x, y の関係を示していますが,ただの関係式ではなく,そこには x, y の微分 dx, dy が現れています.この方程式が微分方程式と言われる所以はそこにありますが,さらに「分離的」という形容詞が冠されています.これは x と dx のみを含み,y と dy を含まない部分,すなわち $\dfrac{dx}{\sqrt{\alpha + \beta x + \gamma x^2 + \delta x^3 + \varepsilon x^4}}$ と,y と dy のみを含み,x と dx を含まない部分,すなわち $\dfrac{dy}{\sqrt{\alpha + \beta y + \gamma y^2 + \delta y^3 + \varepsilon y^4}}$ が切り離された状態で配置されているという意味なのですが,ではそもそも dx, dy とは何なのでしょうか.また,先ほど x, y のことを変数と書きましたが,「変数とは何か」と自問してみるとなんだか曖昧模糊とした感じになりがちです.今日の微積分の知識を元にして理解しようと試みると,関数,変数,微分,微分方程式のような基礎的な言葉の輪郭が崩れてしまうのです.これにはまったく弱りました.

アーベルを読むと決意したものの,入り口に一歩踏み入れただけでたちまち疑問が続出するようではとうてい先に進むことはできませんので,大いに困惑しました.それでも,考えてもすぐにはわからないことですから,そのままにして通り過ぎるほかはなかったのですが,実に気持ちの悪いことですのでいつまでも心に掛かりました.この状態は後年,オイラーの世界に親しむまで続きました.

微分方程式とは何か

　アーベルに紹介されて、オイラーが研究したという微分方程式を見たところ、その姿は見れば見るほど不思議でした．今日の微積分は「関数の研究」ということが基本的なテーマになっていますから、微分方程式というと、関数とその導関数を何らかの仕方で組み合わせて作られた方程式という印象があります．ところがオイラーの微分方程式には二つの変数とそれぞれの微分が表面に現れているだけで、関数の姿は見られません．この点がまず不可解です．また、微分方程式を解くというと、だいたいにおいてその方程式を満たす関数の全体像を明るみに出すことと諒解されていると思いますが、よく見られる解法に「変数を分離する」という方法があります．変数の分離が可能な微分方程式を変数分離型方程式といい、そのような方程式については変数分離を遂行して、それから積分計算を行うのですが、この手法は便宜的というか、変数分離の根拠を問われることはめったにありません．

　ところがオイラーの微分方程式はだいぶ様相が異なり、解くために変数を分離するのではなく、変数ははじめから分離しています．しかもアーベルによると、オイラーはその方程式の「代数的な積分」を求めることに成功したということです．微分方程式が提示されて、その「積分」が求められたというのですから、「積分」は「解」を意味していることになりそうですが、その解は関数のようには見えません．しかもオイラーが求めた積分は「代数的」と言われています．それなら微分方程式には「積分」という名で呼ばれる解が伴い、その積分は代数的なものと代数的ではないものに区分けされ、しかもアーベルが紹介したオイラーの微分方程式については、その「代数的な」積分が求められたということがことのほか重大で、「楕円関数論がそこからはじまる」というほどの深遠な意味が備わっていることになります．

第2章
オイラーの楕円関数論

オイラーの2論文 [E 251] [E 252]

「楕円関数研究」の序文において,まずオイラー,次いでラグランジュに言及したアーベルは,言葉をあらためてルジャンドルの楕円関数論へと歩を進めました.そこで,アーベルに歩調を合わせてルジャンドルの楕円関数論の話をしたいところなのですが,オイラーが提示した「分離方程式」を楕円関数論のはじまりとするアーベルの言葉が気に掛かり,ここを無視して通り過ぎようという気持ちになれません.アーベルはまちがいなく今日の楕円関数論の源泉ですが,そのアーベル本人が,実はオイラーこそが真の泉なのだとはっきりと語っているのですから,楕円関数論においてオイラーは重い意味を担っています.そこでしばらくオイラーの楕円関数論の姿を観察し,アーベルの世界に分け入る糸口をつかみたいと思います.

オイラーは楕円関数論の領域で多くの論文を書きました.ざっと数えても33篇もありますが,その中でも特別の位置を占めて転換期を形成するのは,次に挙げる2篇の論文 [E 251] [E 252] です.

[E 251] 微分方程式 $\dfrac{mdx}{\sqrt{1-x^4}} = \dfrac{ndy}{\sqrt{1-y^4}}$ の積分について

ペテルブルグ科学アカデミー新紀要 6, 1756/7 年 (1761 年刊行),

37-57頁．オイラー全集 I-20, 58-79頁．1753年4月30日，ペテルブルグのアカデミーに提出されました．

オイラーの論文 [E251] の第1頁
ペテルブルグ科学アカデミー新紀要6,
1756/7年 (1761年刊行)

[E252] 求長不能曲線の弧の比較に関する諸観察

ラテン語．ペテルブルク科学アカデミー新紀要6, 1761年, pp.58-84．1752年1月27日，ベルリン科学アカデミーに提出

されました(ヤコビの調査による).

　オイラーの論文を引用する際,[E251][E252]というふうに,アルファベット「E」とアラビア数字を組み合わせた記号を冒頭に添えるのが習慣になっています.これはエネストレームナンバーといい,1910年から1913年にかけてスウェーデンの数学史家エネストレーム(グスタフ・エネストレーム,Gustaf Eneström)が作成したオイラーの作品カタログに記載された整理番号です.オイラーのローマ字表記はEulerで,エネストレームと同じくやはり「E」で始まりますが,エネストレームナンバーの「E」はエネストレームの「E」で,オイラーの「E」ではありません.

　オイラーの上記の2論文が掲載された学術誌を「ペテルブルグ科学アカデミー新紀要」として紹介しましたが,これはラテン語の"*Novi Commentarii academiae scientiarum imperialis Petropolitanae*"の訳語のつもりです.そのまま訳出すれば「ペテルブルク帝国科学アカデミー新紀要」となります.ロシアのペテルブルクの科学アカデミーの学術誌ですので,それらしい雰囲気を出そうと思い,"*Commentarii*"に「紀要」という訳語を割り当ててみたのですが,もっとよい訳語があるかもしれません.ペテルブルクの科学アカデミーのフルネームは"*Academia scientiarum imperialis Petropolitanae*"ですから,「ペテルブルク帝国科学アカデミー」です.創設されたのは1725年のことで,数学部門の当初の教授はヨハン・ベルヌーイを父にもつダニエル・ベルヌーイとニコラウス・ベルヌーイ,それにヤコブ・ベルマンでした.ヤコブ・ベルマンもベルヌーイ一族と同じスイスのバーゼルの数学者です.

　ペテルブルクの科学アカデミーははじめ"*Commentarii academiae scientiarum imperialis Petropolitanae*",すなわち「ペテルブルク帝国科学アカデミー紀要」という学術誌を創刊したのですが,

1726年から1744/6年まで，全14巻を出したところで終刊となりました．これを「旧紀要」として，1747年になって新たに創刊されたのが「新紀要」で，オイラーの2論文はそこに掲載されました．

微分方程式の代数的積分

オイラーの2論文 [E251] [E252] はこの順序で「新紀要」に掲載されましたが，科学アカデミーに提出された日付を見ると，[E251] は1753年4月30日，[E252] は1752年1月27日ですから，実際には [E252] のほうが [E251] よりも1年以上も早く執筆されました．したがって，オイラーははじめ [E252] の表題に見られる「求長不能曲線の弧の比較」ということを探究し，続いて [E251] の標題の微分方程式 $\frac{mdx}{\sqrt{1-x^4}} = \frac{ndy}{\sqrt{1-y^4}}$ の積分を考察したという順序になりますが，後者の微分方程式はアーベルの「楕円関数研究」の冒頭に書き留められた微分方程式の特別の場合になっています．そこでまずはじめに [E251] を一瞥してみたいと思います．次に挙げるのは冒頭の第1節です（この論文は全部で35個の節で構成されています）．

ファニャノ伯爵による種々の発見を機として，私はまずはじめにこの方程式を考察した．するとただちに，この方程式を満たす変化量 x と y の間のひとつの代数的関係式が見つかった．ただし，その関係式には，積分による計算ではいつでも導入されることになっている任意定量が含まれていないのであるから，それを完全積分方程式と見ることはできない．そこで，よく知られているように，完全積分と特殊積分は区別

するのが慣わしになっている．すなわち，完全積分は微分方程式の全内容を汲み尽くすが，特殊積分は微分方程式の一部分を満たすだけに留まり，その結果，そのほかにもなお，他の表示式もまた提示された微分方程式を満たすということがありうるのである．他方，完全積分方程式の判定基準は，その方程式に，提示された微分方程式には現れない定量を含んでいなければならないという点に求められる．

冒頭にいきなりファニャノ伯爵の名前が登場し，$\dfrac{mdx}{\sqrt{1-x^4}} = \dfrac{ndy}{\sqrt{1-y^4}}$ という形の微分方程式を考察するきっかけになったのはファニャノの発見であることが語られています．この間の消息については後に詳しく紹介したいと思いますが，オイラーの言葉を続けると，オイラーはこの微分方程式を満たす「変化量 x と y の間のひとつの代数的関係式」を見つけたというのです．「変化量」というのは何かというと，[E251] に先立って刊行されたオイラーの著作『無限解析序説』(1748年．全2巻．第1巻と第2巻のエネストレームナンバーはそれぞれ [E101], [E102]) の巻1の第1章「関数に関する一般的な事柄」の冒頭に，

　変化量とは，一般にあらゆる定値をその中に包摂している不確定量，言い換えると，普遍的な性格を備えている量のことをいう．

と記されています．これだけではよくわかりませんが，ともあれオイラーの心のカンバスには，何かしら「変化してやまないもの」のイメージが明瞭に描かれていたのであろうと推測されます．変化量の原語は『無限解析序説』ではラテン語の "*quantitas variablis*" で, "*variablis*" は形容詞なのですが, [E251] ではその一語だけが名詞として使われています.

変化量についてはひとまずこれでよいとして, 次に問題になるのは変化量 x と y の間の「ひとつの代数的関係式」という言葉です. 二つの変化量が何らかの関係式で結ばれていて, しかもその関係式は「代数的」であると言われています. そのうえ, それは「ひとつの関係式」というのですから, ファニャノの影響に刺激を受けてオイラーがまずはじめに発見した関係式は, いくつも存在する可能性のある関係式のうちのひとつにすぎないということになります. この状況はオイラー自身もよく承知していて, 発見された関係式は「完全積分方程式」ではないと明記し, その理由として, その関係式には「積分による計算ではいつでも導入されることになっている任意定量が含まれていない」ことを挙げました. しかもその先を見ると,「完全積分方程式」は「完全積分」と略称され, 積分定量を含まない個別的な関係式の各々は「特殊積分」と呼ばれています.

このような用語法を観察すると, オイラーのいう「(微分方程式の) 積分」というのは,「変化量 x と y の間の関係式」の別名であることがわかります. その関係式が「代数的」であれば, それが「代数的積分」です.

「代数的」ということの意味については少し後にオイラー自身に語ってもらうことにして, [E251] の第2節に歩を進めると, 完全積分と特殊積分に寄せる精密な考察が目に入ります.

これらの事柄をいっそう明瞭に認識するためには, もっとも簡単な微分方程式 $dx = dy$ を考えれば十分である. 積分 $x = y$ は確かにこの微分方程式を満たすが, 実際にはこの積分は微分方程式 $dx = dy$ よりも守備範囲がせまいのは明らか

である.というのは,a として任意の定量を取るとき,明らかにはるかに広い守備範囲を覆う積分 $x = y \mp a$ もまた,この微分方程式を満たすからである.そうして,この積分には,上記の微分方程式には姿を現さない定量が存在するのであるから,この積分は微分方程式 $dx = dy$ の全内容を汲み尽くすと考えられて,まさしくそれゆえに完全積分方程式という名で呼ばれるのである.不確定定量 a の代りに,定まった諸値を用いれば,完全積分からいろいろな特殊積分が得られるが,それらはこの手続きそれ自身に起因して,提示された微分方程式よりも守備範囲がせまいことは明らかである.

オイラー以降,おおよそコーシーあたりを転換期として成立した考え方によると,微分方程式というのは関数とその導関数を用いて組み立てられた関係式と理解されていると思います.微分方程式を満たす関数は「解」と呼ばれ,解の中には一般解と特殊解がありますが,オイラーの用語法と対比すると,解と積分が対応し,一般解と特殊解にはそれぞれ完全積分と特殊積分が対応します.本当は特殊解,特殊積分の代りに個別解,個別積分などと呼ぶほうがよいのではないかと思いますが,ここでは習慣にしたがうことにします.

オイラーのいう微分方程式は変化量 x, y とその微分 dx, dy の相互関係を記述する方程式のことで,微分方程式を解くというのは,その微分方程式を生成する力のある大域的な関係式,すなわち微分 dx, dy を含まない x, y の間の関係式を見つけることを意味しています.上記の引用文中でオイラーが挙げている簡単な事例を見ると,$dx = dy$ という方程式は微分 dx と微分 dy の関係を示す関係式ですから微分方程式です.$x = y \mp a$ は二つ

の変化量 x, y の，微分を含まない関係式で，これを微分すると微分方程式 $dx = dy$ が生じます．逆に，微分方程式 $dx = dy$ から大域的な関係式 $x = y \mp a$ に移るには積分計算を実行すればよく，この場合には一目瞭然の簡単な計算ですが，微分計算と積分計算が互いに他の逆演算として認識されているところに強く心を惹かれます．

完全積分と特殊積分の説明はこれでよいとして，オイラーは続いて代数的積分の考察に移ります．

ところで，ある微分方程式について，その完全積分が超越的であるのに，特殊な代数的積分がもたらされるという事態がしばしば起りうる．このようなことは，もしその完全積分の超越的部分に任意定量が乗じられているなら，明らかに生起する．そのような形になっているために，定量を0と等値して計算するとその超越的部分が消失してしまい，特別な代数的積分が残されるのである．たとえば，値 $y = x$ が方程式 $dy = dx + (y-x)dx$ を満たすのは明らかだが，この微分方程式に含まれている特殊積分はただひとつにすぎない．というのは，e はその対数が1に等しい数を表すとするとき，この微分方程式の完全積分は $y = x + ae^x$ であるからである．任意定量 a が消失しない限り，この積分はいつでも超越的なのである．

微分方程式 $dy = dx + (y-x)dx$ は，$u = y - x$ と置いて新しい変化量 u を導入すると，$du = udx$ という形になります．そこで変数を分離すると $\frac{du}{u} = dx$．これを積分すると，a は定量として，$\log|u| = x + a$．よって $u = \pm e^{x+a}$ となりますので，

定量 $\pm e^a$ をあらためて a と表記すると，$u = ae^x$，すなわち $y-x = ae^x$ という関係式が手に入ります．この解法手順では定量 a は 0 ではありえないことになりますが，$a = 0$ の場合を想定すると $y = x$ となり，これもまた明らかに解のひとつです．そこであらためて a は任意の定量として，$y-x = ae^x$ という関係式を作ると，これが微分方程式 $dy = dx + (y-x)dx$ の完全積分です．

この完全積分は一般に超越的な量 e^x が伴っていますから代数的ではありえないのですが，特別の場合として $a = 0$ と置くと $y = x$ が得られ，これは代数的な関係式，すなわち代数的積分です．このようなわけで，完全積分と，そこに内包される個々の特殊積分の関係はなかなかむずかしく，ある微分方程式に対して，たとえひとつの代数的な特殊積分が見つかったとしても，代数的な完全積分が存在するとは必ずしも言えないことがわかります．オイラーはそれを $dy = dx + (y-x)dx$ という簡単な例を通じて示したのですが，実際にオイラーの念頭にあったのはファニャノの発見です．話が前後しますが，ここで［E251］の第 8 節に先に目を通し，オイラーの語るファニャノの発見を一瞥したいと思います．

ファニャノの発見

次に引くのはオイラー［E251］の第 8 節の全文です．

そこで，私はまず方程式

$$\frac{dx}{\sqrt{1-x^4}} = \frac{dy}{\sqrt{1-y^4}}$$

から出発する．一目見るだけで，方程式 $x = y$ がこの方程式

を満たすのは明らかである．したがって，この方程式は特殊積分のひとつである．だが，それに続いて，代数的値

$$x = -\sqrt{\frac{1-yy}{1+yy}}$$

もまたこの方程式を満たすのである．なぜなら，

$$dx = +\frac{2ydy}{\sqrt{(1+yy)(1-yy)(1+yy)}} \text{ および } \sqrt{1-x^4} = \frac{2y}{1+yy}$$

となるので，

$$\frac{dx}{\sqrt{1-x^4}} = \frac{dy}{\sqrt{1-y^4}}$$

となるからである．したがって，この値，言い換えると方程式 $xxyy + xx + yy - 1 = 0$ もまた，提示された微分方程式の特殊積分のひとつである．それゆえ，任意定量を含む完全積分には，次のような性質が必ず備わっていなければならない．すなわち，その定量にある定値を与えると

$$x = y$$

が生じ，他の定値が与えられたなら，

$$x = -\sqrt{\frac{1-yy}{1+yy}}, \text{ 言い換えると } xxyy + xx + yy - 1 = 0$$

が生じる，というふうに．

オイラーは微分方程式 $\dfrac{dx}{\sqrt{1-x^4}} = \dfrac{dy}{\sqrt{1-y^4}}$ を提示して，その代数的特殊積分を二つまで挙げました．ひとつは $x = y$ で，これは見ればわかりますが，もうひとつの $xxyy + xx + yy - 1 = 0$ は見ただけで見つけることはできず，何らかの組織的もしくは理論的な考察が要請されます．これを実行したのがファニャノなのでした．

ファニャノ伯爵

　ファニャノのフルネームはジュリオ・カルロ・ファニャノ・デイ・トスキ (Giulio Carlo Fagnano dei Toschi) というのですが，1682年12月6日，イタリア中部の町シニガリアに生れました．シニガリアは，現在の行政区分でいうと，マルケ州アンコーナ県のコムーネ「セニガリア」に対応するということです．コムーネというのは聞き慣れない言葉ですが，イタリア語の comune，すなわち「共同体」という意味の言葉をそのままカタカナで表記したもので，イタリアの地方自治体の呼称です．現在のイタリアには 8000 個ほどのコムーネがあり，いくつかのコムーネが集まって 110 個の「県 (Provincia)」を作り，県が集まって 20 個の「州 (Regione)」を構成しています．州には州都があり，たとえばローマはラツィオ州の州都，トリノはピエモンテ州の州都，ヴェネチ

ファニャノ伯爵 (1682–1766)

アはヴェネト州の州都ですが,ローマもトリノもヴェネチアもみなコムーネで,市町村の区分はありません.このあたりは日本と異なるところですが,大きなコムーネは市と呼び,小さなコムーネは町とか村などと呼ぶこともあります.たとえばローマはコムーネ・ディ・ローマ (Comune di Roma),すなわち「ローマという名のコムーネ」のことですが,これには「ローマ市」という訳語をあてます.セニガリアも「セニガリア市」です.

ファニャノの家系はシニガリアの名門だったようで,先祖にはローマ法王になった人もいます (ホノリウス 2 世.在位 1119-1124 年).ファニャノ自身も 1723 年にシニガリアのゴンファロニエーリ (Gonfaloniere) に任命されました.ゴンファロニエーリというのもわかりにくいのですが,よく行政長官という訳語があてられますから,日本でいうと町長とか市長という感じの要職でしょうか.

数学はもっぱら独学で学んだようですが,ライプニッツやベルヌーイ兄弟の論文に思索の手がかりを求めたのでしょう.1750 年,68 歳のとき全 2 巻の『数学論文集』を刊行し,翌 1751 年,ベルリンのオイラーのもとに届けられました.1707 年の生まれのオイラーはファニャノよりだいぶ若く,このとき 44 歳でした.

オイラーのもとにはヨーロッパのあちこちから手紙や論文や著作などが次々と届いていたことでしょうし,ファニャノの論文集にも別に熱心に目を通したということもなく,わずかにページを繰ってみた程度にすぎなかったであろうと思われるところですが,それでもひとつの発見がありました.それは $x = -\sqrt{\dfrac{1-yy}{1+yy}}$ という式のことで,オイラーはこの式が微分方程式 $\dfrac{dx}{\sqrt{1-x^4}} = \dfrac{dy}{\sqrt{1-y^4}}$ の代数的積分のひとつ,

$xxyy + xx + yy - 1 = 0$ を与えていることに即座に気づきました.

ファニャノの論文集のうち,オイラーへの影響という面において特別に重要なのは下記の5論文です.

1. 楕円,双曲線およびサイクロイドの弧の新しい測定がそこから導出される一定理
2. レムニスケートを測定する方法　第1論文
3. レムニスケートの測定に関する第1論文に対する諸補足
4. レムニスケートを測定する方法　第2論文
5. 主3次放物線の弧の新しい測定を見つける方法

5篇の論文のうちの3篇まで,表題に「レムニスケート」の一語が読み取れます.レムニスケートというのは
$$(x^2+y^2)^2 = x^2 - y^2$$
という方程式で表される,無限大記号 ∞ のような形の代数曲線ですが,その弧長を測定することはファニャノの数学的思索の主題のひとつでした.

第3章 ファニャノとレムニスケート積分

レムニスケート曲線の弧長測定（その1）
アーベルの計算

　レムニスケート積分はレムニスケート曲線の弧長を表す積分で，今日の用語法でいう楕円積分の一種です．ファニャノはレムニスケート積分に深い愛着を示し，おもしろい性質をいくつも発見してオイラーの微分方程式研究に影響を与え，楕円関数論の転換期の現場に立ち会う人物になりました．そこでファニャノのレムニスケート積分研究の様子をもう少し立ち入って観察したいのですが，何よりも先にレムニスケート積分というものの実際の姿を見ておく必要があります．ちょうどアーベルの論文「楕円関数研究」にレムニスケート曲線の弧長積分の導出の手順が書かれていますので，その様子をアーベルとともに観察したいと思います．

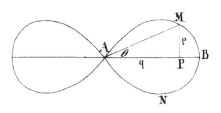

図1　レニムスケート
アーベル「楕円関数研究」より

図1はアーベルの論文に掲載されているレムニスケート曲線ですが，無限大の記号 ∞ のようでもあり，数字の8を横たえたようでもあり，リボンのようでもある曲線の結び目の位置にある点をAとし，曲線上の点Mを任意に指定して，弧 AM $= \alpha$，弦 AM $= x$ を測定します．点Mから軸ABに垂線を降ろし，その足，すなわち軸との交点をPとし，角MAP $= \theta$ と置くと，二つの変化量 x と θ は

$$x = \sqrt{\cos 2\theta}$$

という関係式で結ばれています．これはレムニスケート曲線の極方程式と呼ばれる方程式です．この方程式に対して微分計算を遂行すると，微分 $d\theta$ と dx の間に成立する等式

$$d\theta = -\frac{dx\sqrt{\cos 2\theta}}{\sin 2\theta}$$

が得られます．これを用いて弧 α の微分，すなわち線素 $d\alpha$ を求めると，

$$d\alpha^2 = dx^2 + x^2 d\theta^2 = dx^2\left(1 + \frac{x^2 \cos 2\theta}{(\sin 2\theta)^2}\right)$$

と計算が進みます．ここで，$x = \sqrt{\cos 2\theta}$ により，$\cos 2\theta = x^2$，$\cos^2 2\theta = x^4$，$1 - (\cos 2\theta)^2 = 1 - x^4 = (\sin 2\theta)^2$．これらを代入すると，

$$d\alpha^2 = dx^2\left(1 + \frac{x^4}{1-x^4}\right) = \frac{dx^2}{1-x^4}$$

となり，これで弦 x とその微分 dx を用いて線素 α を表す式

$$d\alpha = \frac{dx}{\sqrt{1-x^4}}$$

が手に入ります．アーベルはこんなふうにレムニスケート曲線の弧長を計算しました．このような計算を見ると，積分計算の基礎は微分計算にあることがよくわかります．

上記の線素 $d\alpha$ を寄せ集める（すなわち，積分する）と，弧 α の長さを表示する積分

$$\alpha = \int_0^x \frac{dx}{\sqrt{1-x^4}}$$

が得られます．これがレムニスケート積分です．呼称の由来がレムニスケート曲線にあることは言うまでもなく，今日に続く楕円関数論の泉になりました．

側心等時曲線とレムニスケート曲線

ファニャノは「レムニスケートを測定する方法 第 1 論文」の冒頭において，レムニスケート曲線に寄せる関心の由来を率直に語っています．次に引くのは書き出しの部分です．

　　二人の偉大な幾何学者ベルヌイ家のヤコブ氏とヨハン氏の兄弟は，1694 年のライプチヒ論文集において見ることができるように，イソクロナ・パラケントリカ（側心等時曲線）を作図するためにレムニスケートの弧を利用して，レムニスケートの名を高からしめた．レムニスケートよりもいっそう単純な何らかの他の曲線を媒介にしてレムニスケートを作図するなら，イソクロナ・パラケントリカのみならず，レムニスケートに依拠して作図することのできる他の無数の曲線のいっそう完全な作図が成し遂げられるのは明白である．それゆえ，私は，私が発見したこの曲線の測定法を 2 篇の論文を通じて相次いで説明する予定だが，その方法が賢明な人々のお気に召さないようなことのないよう，期待したいと思う．

「ライプチヒ論文集」というのはライプチヒでオットー・メンケがライプニッツの協力を得て創刊した学術誌で，正式な名称

は "*Acta eruditorum*"（アクタ・エルディートルム，学術論叢）です．ドイツの最初の学術誌です．微積分の創造を報告するライプニッツの論文もこの学術誌を舞台にして公表されました．微分計算の方法を叙述した論文

> 「分数量にも無理量にも適用される，極大と極小および接線に対する新しい方法．ならびにそれらのための特殊な計算法」

は 1684 年 10 月号，積分計算の原理を語った論文

> 「深い場所に秘められた幾何学，および不可分量と無限の解析について」

は 1686 年 7 月号にそれぞれ掲載されました．ベルヌーイ兄弟は兄がヤコブ，弟がヨハンですが，二人でライプニッツの論文を研究し，ライプニッツと力を合わせて微積分の創造に寄与しました．いずれ劣らぬ偉大な数学者ですが，そのベルヌーイ兄弟が 1694 年の学術論叢に寄せた論文において，イソクロナ・パラケントリカ（側心等時曲線）の作図のためにレムニスケート曲線を利用したことを，ファニャノは回想しています．

イソクロナ・パラケントリカの話に踏み込んでいくと微積分の草創期に立ち会うことになりそうで，果てしがありませんのでここではこれ以上は立ち入りませんが，しばしば側心等時曲線という訳語があてられます．オイラーの第 1 論文 [E1] のタイトルは「抵抗媒質内での等時曲線の作図」というもので，1726 年の「学術論叢」誌上に掲載されたのですが，表題に「等時曲線」の一語が見られます．361 頁から 363 頁まで，わずか 3 頁の短篇です．ファニャノの言葉に見られる「イソクロナ・パラケントリカ」も等時曲線の仲間で，変分計算に現れる曲線です．1726 年といえばオイラーはまだ 19 歳ですが，数学者としての出発点に変分計

算があったという事実は注目に値すると思います．

レムニスケート積分は微積分の誕生とともにすでに認識されていたことを，ここであらためて想起しておきたいと思います．イソクロナ・パレケントリカの作図というのは，この曲線を表す方程式を書き下すことを意味していますが，ベルヌーイ兄弟はそれをレムニスケート曲線の作図に帰着させたということです．それならレムニスケート曲線の弧長積分，すなわちレムニスケート積分をもっと簡単そうに見える別の曲線の弧長積分に帰着させることができたなら，イソクロナ・パラケントリカの作図はいっそう容易になるのではないかと思い当たったところに，ファニャノの数学的思索の契機がありました．レムニスケート曲線よりも簡単そうな曲線というのは，具体的には楕円，双曲線，放物線，すなわち円錐曲線が考えられています．

レムニスケート曲線の弧長測定（その2）
直弧と逆弧

しばらくファニャノの論文「レムニスケートを測定する方法 第1論文」に追随して，ファニャノの言葉に耳を傾けたいと思います．ファニャノの諸記号を踏襲してレムニスケート曲線 CQACFC（図2）を描き，半軸線，すなわち軸の半分 CA の長さを a とします．

リボンの形のレムニスケート曲線の結び目の位置にある点を

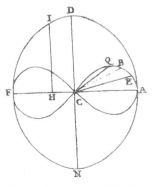

図2 レムニスケート曲線と楕円

C，レムニスケート曲線上の点 Q から半軸 CA に向かって垂線を降ろし，その垂線の長さを y とします．また，中心点 C から垂線と半軸 CA との交点までの距離を測定し，それを x で表します．このように諸記号を定めると，レムニスケート曲線の諸性質はことごとくみな代数方程式

$$x^2 + y^2 = a\sqrt{x^2 - y^2} \quad (a は正の定数)$$

に包摂されています．アーベルが描いた図1に記入された諸記号との対応を観察すると，アーベルの図ではレムニスケート曲線の中心点は A)，半軸は AB と表記され，半軸の長さは $a = 1$ と定められていました．

中心点 C とレムニスケート曲線上の点 Q を結ぶ弦 $CQ = \sqrt{x^2 + y^2}$ を z で表すと（アーベルの図ではこの長さは x で表されていました），弧 CQ の長さは積分

$$CQ = \int_0^z \frac{a^2 dz}{\sqrt{a^4 - z^4}}$$

で与えられます．ファニャノがレムニスケート曲線を表す代数方程式 $x^2 + y^2 = a\sqrt{x^2 - y^2}$（$a$ は正の定数）を基礎にしていたのに対し，アーベルは $a = 1$ として，極方程式 $x = \sqrt{\cos 2\theta}$ から出発して計算していましたが，計算の手順は同じです．

弧 CQ の長さは中心 C を始点として測定しましたので，これを直弧と呼ぶことにします．逆に，半軸線 CA の終点 A から出発して Q に向かって進む弧を逆弧と呼ぶことにして，その長さを測定すると，

$$弧 QA = 弧 CA - 弧 CQ = -\int_a^z \frac{a^2 dz}{\sqrt{a^4 - z^4}}$$

となります．

楕円の弧長の測定

ファニャノはレムニスケート曲線に続いて楕円 ADFNA (図2) を取り上げて,その弧長を表す積分を書きました.楕円の中心を C とします.少し後に提示する予定の命題のために定数を調節する必要があったようで,楕円の二つの半軸のうち,短いほうを CA$=a$,長いほうを CD$=a\sqrt{2}$ と置きました.ここで,a は正の定数です.楕円上の点 I を 2 点 D, F の間に取り,その点から短いほうの半軸 CF に向けて垂線を降ろし,半軸との交点を H とし,中心点 C から点 H までの距離を z で表します.このとき,弧 DI の長さは積分

$$\int_0^z \frac{\sqrt{a^2+z^2}}{\sqrt{a^2-z^2}}\,dz$$

で与えられます.この弧長は楕円の頂点 D を始点として測定されましたが,これを直弧と呼ぶことにします.

弧 IF は,

$$\text{弧 IF} = \text{弧 DF} - \text{弧 DI}$$
$$= \int_z^a \frac{\sqrt{a^2+z^2}}{\sqrt{a^2-z^2}}\,dz = -\int_a^z \frac{\sqrt{a^2+z^2}}{\sqrt{a^2-z^2}}\,dz$$

で与えられます.この弧には逆弧という呼称がよく似合います.

レムニスケート積分と同じく,楕円の弧長積分も楕円積分で,三角量,すなわち $\sin\theta$ や $\cos\theta$ のように三角形の観察を通じて認識される諸量や,指数量,対数量など,既知の諸量を用いるだけでは数値を算出することができません.レムニスケートと楕円が求長不能というのは,この状況を指しています.オイラーの論文 [E252]「求長不能曲線の弧の比較に関する諸観察」の表題にも「求長不能」の一語が見られました.曲線の弧長を積分の力を借りて表示しても,その段階で行方を壁にさえぎられてしま

い,先に進むことができないという状況に,微積分の草創期においてすでにひんぱんに遭遇したのでした.

楕円の弧長積分の算出は高木貞治先生の『解析概論』に記されていますので,ここではこれ以上立ち入りません(定本『解析概論』,146頁).

等辺双曲線の弧長の測定

双曲線の弧長もまた積分で表されますが,この計算は『解析概論』では略されていますので,再現してみたいと思います.ファニャノは等辺双曲線LMP(図3)を描き,半軸線SMをaで表します.等辺双曲線というのは2本の漸近線が直交する双曲線のことで,直角双曲線と呼ばれることもあります.

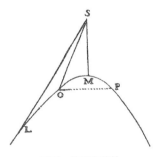

図3 等辺双曲線

中心Sと双曲線上の点Oを結ぶ線分SOをtで表すと,弧MOは積分

$$\int_a^t \frac{t^2 dt}{\sqrt{t^4-a^4}}$$

で与えられます.ファニャノはこれを既知としているのですが,

34

等辺双曲線の方程式に立ち返って考えるために，双曲線上の点 O から軸 SM に向けて（正確には，その延長線に向けて）垂線を降ろし，軸 SM との交点を H で表します（この点 H は図 3 には記入されていません）．線分 SH を y，線分 OH を x と置くと，等辺双曲線 LMP は方程式

$$x^2 - y^2 = a^2$$

という形に表示されます．この方程式から出発して双曲線の線素 ds を算出してみたいと思います．

計算の手順は楕円の場合と同様で，まずはじめに双曲線の方程式を微分して，双曲線の微分方程式，すなわち

$$xdx - ydy = 0$$

を作ります．これより $dy = \dfrac{xdx}{y}$．線素 ds は dx と dy を直角をはさむ 2 辺とする無限小直角三角形の斜辺として認識されますから，ピタゴラスの定理により，線素の平方 $(ds)^2$ は

$$(ds)^2 = (dx)^2 + (dy)^2 = (dx)^2 \left(1 + \frac{x^2}{y^2}\right)$$
$$= (dx)^2 \frac{2x^2 - a^2}{x^2 - a^2}$$

と表示されます．

ここで，双曲線の弦，すなわち中心点 S から双曲線上の点 O までの距離 $t = \sqrt{x^2 + y^2}$ を使うと，線素 ds の表示式はさらに形が変ります．$y^2 = x^2 - a^2$ より，$t^2 = x^2 + y^2 = 2x^2 - a^2$．よって，$x = \dfrac{\sqrt{t^2 + a^2}}{\sqrt{2}}$ の微分を計算すると，$dx = \dfrac{tdt}{\sqrt{2}\sqrt{t^2 + a^2}}$．これらを代入して計算を進めると，線素 ds の表示式は，

$$ds = \frac{t^2 dt}{\sqrt{t^4 - a^4}}$$

という，レムニスケート曲線の線素の表示式に似た形になります．ファニャノが書き下したのはこの微分式の積分ですが，これもまた楕円積分の仲間で，レムニスケート積分や楕円の弧長積分の場合と同じくやはり求長不能です．

レムニスケート曲線の求長

これだけの準備を整えたうえで，ファニャノは三つの積分，すなわちレムニスケート積分，楕円の弧長積分，等辺双曲線の弧長積分の関係を明示する等式を書き下しました．すなわちレムニスケート積分 $CQ = \int_0^z \frac{a^2 dz}{\sqrt{a^4 - z^4}}$ において変数変換

$$t = a\frac{\sqrt{a^2 + z^2}}{\sqrt{a^2 - z^2}}$$

を行うと，等式

$$\int_0^z \frac{a^2 dz}{\sqrt{a^4 - z^4}} = \int_0^z dz \frac{\sqrt{a^2 + z^2}}{\sqrt{a^2 - z^2}} + \int_a^t \frac{t^2 dt}{\sqrt{t^4 - a^4}} - \frac{zt}{a}$$

が成立します．これが論文「レムニスケートを測定する方法 第1論文」の最初の定理です．

この等式を幾何学的に解釈するとこんなふうになります．まずレムニスケート曲線の上に点 Q を取り，中心点 C から点 Q までの距離を z で表します．次に，楕円上の点 H を $CH = z$ となるように定めます．次に，この z を使って量 $t = a\frac{\sqrt{a^2 + z^2}}{\sqrt{a^2 - z^2}}$ を作り，等辺双曲線上の点 O を，中心 S から O までの距離が t に等しくなるように定めます．このとき，上記の積分等式は，

$$弧 CQ = 弧 DI + 弧 MO - \frac{zt}{a}$$

という事実を教えています．これによってレムニスケートの弧長

測定は楕円と等辺双曲線の弧長測定に帰着されました．これが
ファニャノの発見です．微分計算を実行するだけで容易に確かめ
られる事実ですが，この発見の実質は新たな変化量

$$t = a\frac{\sqrt{a^2+z^2}}{\sqrt{a^2-z^2}}$$

の発見という一点において認められることに，くれぐれも留意し
たいと思います．証明は容易であっても，発見された小さな事実
の中に何かしら深遠な物事が秘められている可能性はつねにあり
ますし，その場合，その全容を明るみに出すのは必ずしも容易
とは言えないからです．

レムニスケート積分の形を変えない変数変換

レムニスケート積分は変数変換 $t = a\dfrac{\sqrt{a^2+z^2}}{\sqrt{a^2-z^2}}$ により楕円と等
辺双曲線の弧長積分に帰着されますが，ファニャノはもうひと
つ，おもしろい変数変換を試みました．それは

$$u = a\frac{\sqrt{a^2-z^2}}{\sqrt{a^2+z^2}}$$

という変換です．分母と分子を入れ換えただけの変換ですが，レ
ムニスケート積分においてこの変数変換を遂行すると，同じレム
ニスケート積分が現れて，等式

$$\int_0^z \frac{a^2 dz}{\sqrt{a^4-z^4}} = -\int_a^u \frac{a^2 du}{\sqrt{a^4-u^4}}$$

が成立します．微分計算を実行するだけで容易に確認することが
できますが，ここでもまた肝心なのは「レムニスケート積分をレ
ムニスケート積分に移す変数変換」が発見されたという事実です．

この等式をレムニスケート曲線に即して考察すると，興味
深い事実が判明します．まずレムニスケート曲線において弦

CQ $= z$ とり，この z を用いて $u = a\dfrac{\sqrt{a^2-z^2}}{\sqrt{a^2+z^2}}$ を定め，もうひとつの弦 CE $= u$ を取ると，上記の積分等式は直弧 CQ と逆弧 EA が等しいことを教えています．さらに一歩を進めて $z = u = a\dfrac{\sqrt{a^2-z^2}}{\sqrt{a^2+z^2}}$ という場合を考えるとどうなるでしょうか．この場合，2点 Q, E は合致しますから，その共通の位置を示す点をあらためて B で表すと，直弧 CB と逆弧 BA は長さが等しくなります．これを言い換えると，レムニスケート曲線の4分の1部分の全体は点 B において2等分されるということにほかなりません．方程式 $z = u = a\dfrac{\sqrt{a^2-z^2}}{\sqrt{a^2+z^2}}$ を解くと，

$$z = u = \sqrt{a^2\sqrt{2}-a^2}$$

が得られ，これによって点 B の位置を指定することができます．

　ファニャノの発見は以上の通りです．ファニャノの関心事はあくまでもレムニスケート曲線の弧長測定にあったのですが，積分記号を取り除いて微分方程式

$$\frac{a^2 dz}{\sqrt{a^4-z^4}} = -\frac{a^2 du}{\sqrt{a^4-u^4}}$$

のほうを先に立てると，まったく別の光景が目に入ります．すなわち，等式 $u = a\dfrac{\sqrt{a^2-z^2}}{\sqrt{a^2+z^2}}$ は今度はこの微分方程式のひとつの代数的積分を与えています．オイラーの目に映じたのはそのような光景でした．

変数変換のいろいろ

　レムニスケート積分をレムニスケート積分に移す変数変換の発見はファニャノにとっても思いがけない出来事だったようで，引

き続き類似の変換の探索を続けた模様です.「レムニスケートを測定する方法」の続編「第2論文」には,この種の変換がいくつか報告されています.次に紹介するのはそのひとつです.(定理の番号は「第2論文」の番号と同じですが,定理の文言は逐語訳ではありません.)

定理 I　等式
$$x = \frac{\sqrt{1 \mp \sqrt{1-z^4}}}{z}$$
により変数 z を x に変換すると,微分式の変換
$$\frac{\pm dz}{\sqrt{1-z^4}} = \frac{dx\sqrt{2}}{\sqrt{1+x^4}}$$
が引き起こされる.

これを証明するために与えられた式 $x = \dfrac{\sqrt{1 \mp \sqrt{1-z^4}}}{z}$ を微分すると,多少の式変形を経て,
$$dx = \frac{\pm dz\sqrt{1 \mp \sqrt{1-z^4}}}{z^2\sqrt{1-z^4}}$$
という等式が得られます.また,与えられた式そのものを変形すると,等式
$$\frac{\sqrt{1+x^4}}{\sqrt{2}} = \frac{\sqrt{1 \mp \sqrt{1-z^4}}}{z^2}$$
が導かれます.こうしてえられた二つの等式を観察して,前者を後者で割ると,求める等式が手に入ります.証明といってもただこれだけのことで,簡単な式変形の帰結にすぎないのですが,目を奪われるのはこの定理で主張されている変数変換それ自体です.証明は容易でも,発見された事実には千鈞の重みがあります.

第4章
レムニスケート曲線の等分理論

変数変換のいろいろ（続）

ファニャノの論文「レムニスケートを測定する方法」の「第2論文」に取材して、ファニャノが発見したおもしろい変数変換の紹介を続けます。

> **定理II** 等式
> $$x = \frac{\sqrt{1 \mp z}}{\sqrt{1 \pm z}}$$
> により変数 z を x に変換すると、微分式の変換
> $$\frac{\mp dz}{\sqrt{1-z^4}} = \frac{dx\sqrt{2}}{\sqrt{1+x^4}}$$
> が引き起こされる。

等式 $x = \dfrac{\sqrt{1 \mp z}}{\sqrt{1 \pm z}}$ の微分を作り、式変形を進めると、$dx = \dfrac{\mp dz}{\sqrt{1-z^2}} \times \dfrac{1}{1 \pm z}$ という形の式が得られます。他方、等式 $\dfrac{\sqrt{1+x^4}}{\sqrt{2}} = \dfrac{\sqrt{1+z^2}}{1 \pm z}$ もまた容易に確かめられます。そこで前者の式を後者の式で割ると、求める微分等式 $\dfrac{\mp dz}{\sqrt{1-z^4}} = \dfrac{dx\sqrt{2}}{\sqrt{1+x^4}}$

が現れます．かんたんな計算にすぎませんが，瞠目に値するのは変数変換式 $x = \dfrac{\sqrt{1 \mp z}}{\sqrt{1 \pm z}}$ の発見という事実です．

定理III 等式
$$x = \frac{u\sqrt{2}}{\sqrt{1-u^4}}$$
により変数 u を x に変換すると，微分式の変換
$$\frac{du}{\sqrt{1-u^4}} = \frac{1}{\sqrt{2}} \times \frac{dx}{\sqrt{1+x^4}}$$
が引き起こされる．

この定理の確認も容易です．まず等式 $x = \dfrac{u\sqrt{2}}{\sqrt{1-u^4}}$ の微分を作ると，$dx = \dfrac{\sqrt{2}\,du}{\sqrt{1-u^4}} \times \dfrac{1+u^4}{1-u^4}$ が得られます．他方，かんたんな式変形により，$\sqrt{1+x^4} = \dfrac{1+u^4}{1-u^4}$ が導かれます．そこで，前の定理IIと同様に，前者の式を後者の式で割れば，求める微分等式 $\dfrac{du}{\sqrt{1-u^4}} = \dfrac{1}{\sqrt{2}} \times \dfrac{dx}{\sqrt{1+x^4}}$ に到達します．

定理IV 等式
$$x = \frac{\sqrt{1-t^4}}{t\sqrt{2}}$$
により変数 t を x に変換すると，微分式の変換
$$\frac{-dt}{\sqrt{1-t^4}} = \frac{1}{\sqrt{2}} \times \frac{dx}{\sqrt{1+x^4}}$$
が引き起こされる．

この定理の導出も上記の2定理と同様に行われます．実際，等式 $x=\dfrac{\sqrt{1-t^4}}{t\sqrt{2}}$ の微分を作ると $dx\sqrt{2}=\dfrac{-dt}{\sqrt{1-t^4}}\times\dfrac{1+t^4}{t^2}$ がみいだされますが，他方では同じ等式から出発して式変形を行うことにより，等式 $2\sqrt{1+x^4}=\dfrac{1+t^4}{t^2}$ が判明します．そこで前者の式を後者の式で割れば，求める微分等式 $\dfrac{-dt}{\sqrt{1-t^4}}=\dfrac{1}{\sqrt{2}}\times\dfrac{dx}{\sqrt{1+x^4}}$ が手に入ります．

ここまでのところで4個の定理が並びましたが，これで二つの微分式 $\dfrac{dz}{\sqrt{1-z^4}}$ と $\dfrac{dx}{\sqrt{1+x^4}}$ を結ぶ4個の変数変換式が揃いました．

レムニスケート曲線の一般弧の2等分

> **定理V**　二つの変数 u, z が等式
> $$\frac{u\sqrt{2}}{\sqrt{1-u^4}}=\frac{1}{z}\sqrt{1-\sqrt{1-z^4}}$$
> によって相互に結ばれているとき，微分等式
> $$\frac{dz}{\sqrt{1-z^4}}=\frac{2du}{\sqrt{1-u^4}}$$
> が成立する．

この定理はすでに見た定理を組み合わせるだけで確かめられます．実際，前章で紹介した定理Iにおいて，正負の符号のうち負符号を採ると，変数変換 $x=\dfrac{\sqrt{1-\sqrt{1-z^4}}}{z}$ により微分等式

$\dfrac{dz}{\sqrt{1-z^4}} = \dfrac{dx\sqrt{2}}{\sqrt{1+x^4}}$ が引き起こされることがわかります．これに続いて変数変換 $x = \dfrac{u\sqrt{2}}{\sqrt{1-u^4}}$ を行うと，定理IIIにより微分等式 $\dfrac{du}{\sqrt{1-u^4}} = \dfrac{1}{\sqrt{2}} \times \dfrac{dx}{\sqrt{1+x^4}}$ が導かれます．変数 z から変数 x へ．変数 x から変数 u へ．こんなふうにして変数変換を重ねて遂行すると，変数 z は変数 u に移行して，定理Vで語られている通りの微分等式 $\dfrac{dz}{\sqrt{1-z^4}} = \dfrac{2du}{\sqrt{1-u^4}}$ が出現します．

定理Vの証明はただこれだけのことで，かんたんな式変形の帰結にすぎないのですが，括目に値するのはこの定理が許容する幾何学的解釈です．なぜなら，この定理はレムニスケート曲線の一般弧を2倍したり2等分したりする方法を教えてくれるからです．

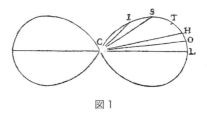

図1

図1を参照しながら状況を語りたいと思います．レムニスケート曲線上の点 S を任意に指定し，弦 CS の長さを z で表します．この z に対応して，定理Vの等式 $\dfrac{u\sqrt{2}}{\sqrt{1-u^4}} = \dfrac{1}{z}\sqrt{1-\sqrt{1-z^4}}$ により u を定め，続いてレムニスケート曲線上の点 I を適切に選定して，弦 CI の長さが u に等しくなるようにします．このような状況のもとで定理Vの微分等式 $\dfrac{dz}{\sqrt{1-z^4}} = \dfrac{2du}{\sqrt{1-u^4}}$ を積分す

ると，等式
$$\int_0^z \frac{dz}{\sqrt{1-z^4}} = 2\int_0^u \frac{du}{\sqrt{1-u^4}}$$
が得られます．これはレムニスケート曲線の直弧 CS の長さが直弧 CI の長さの2倍であることを示しています．これを言い換えると，直弧 CS は点 I において2等分されるということにほかなりません．

定理Vの等式 $\dfrac{u\sqrt{2}}{\sqrt{1-u^4}} = \dfrac{1}{z}\sqrt{1-\sqrt{1-z^4}}$ を書き直すと，等式
$$z = \frac{2u\sqrt{1-u^4}}{1+u^4}$$
が導かれます．この式は直弧 CI の2倍の長さをもつ直弧 CS を指定する仕方を具体的に示していますが，代数的な表示式であり，しかも平方根のみしか含まれていないという点において注目に値します．なぜなら，この事実は，直弧 CS の終点 S を指定するには定規とコンパスのみを用いるだけでよいことを示しているからです．（定規を使って適切に線を引くことにより，二つの数 a と b が与えられたとき，長さがそれぞれ a, b に等しい線分を元にして，長さがそれぞれ和 $a+b$，差 $a-b$，積 ab，商 $\dfrac{a}{b}$ に等しい線を引くことができます．また，定規で線を引き，コンパスで円を描くことにより，数 a が与えられたとき，長さが a に等しい線分を元にして長さが $\sqrt{a}$ に等しい線分を引くことができます．）

逆に，u は z を用いて代数的に表示されます．実際，$A = \dfrac{1}{z}\sqrt{1-\sqrt{1-z^4}}$ と置くと，
$$u = \frac{\sqrt{-1+\sqrt{1+A^4}}}{A}$$
となります．この表示式は平方根のみを用いて組み立てられていますから，直弧 CS の2等分点 I は定規とコンパスのみを用いて指定されることがわかります．

レムニスケート曲線の 4 分の 1 部分の 3 等分

レムニスケート曲線の一般弧の 2 等分に続いて，ファニャノはレムニスケート曲線の 4 分の 1 部分の 3 等分もまた可能であることを示しました．その手順はいくぶん込み入っていますが，この目的のためにまずはじめに提示されるのは次の定理です．

> **定理VI**　二つの変数 z, t が等式
> $$\frac{\sqrt{1-t^4}}{t\sqrt{2}} = \frac{1}{z}\sqrt{1-\sqrt{1-z^4}}$$
> によって相互に結ばれているとき，微分等式
> $$\frac{dz}{\sqrt{1-z^4}} = -\frac{2dt}{\sqrt{1-t^4}}$$
> が成立する．

定理Vの証明の場合と同様に，定理Iにおいて，正負の符号のうち負符号を採ると，変数変換 $x = \dfrac{\sqrt{1-\sqrt{1-z^4}}}{z}$ により微分等式 $\dfrac{dz}{\sqrt{1-z^4}} = \dfrac{dx\sqrt{2}}{\sqrt{1+x^4}}$ が引き起こされます．続いて，定理IVの等式 $x = \dfrac{\sqrt{1-t^4}}{t\sqrt{2}}$ により x を t に変換すると，微分式 $\dfrac{dx\sqrt{2}}{\sqrt{1+x^4}}$ は $-\dfrac{2dt}{\sqrt{1-t^4}}$ に移ります．これで定理VIが示されました．

この定理の条件を与える等式 $\dfrac{\sqrt{1-t^4}}{t\sqrt{2}} = \dfrac{1}{z}\sqrt{1-\sqrt{1-z^4}}$ の形を変えると，等式

$$z = \frac{2t\sqrt{1-t^4}}{1+t^4}$$

が導かれますが，これによって $t=1$ に $z=0$ が対応することがわかります．そこで微分等式 $\dfrac{dz}{\sqrt{1-z^4}} = -\dfrac{2dt}{\sqrt{1-t^4}}$ を積分すると，等式

$$\int_0^z \frac{dz}{\sqrt{1-z^4}} = -\int_1^t \frac{2dt}{\sqrt{1-t^4}} = \int_t^1 \frac{2dt}{\sqrt{1-t^4}}$$

が得られます．

この等式の幾何学的な意味合いを考えるため，図1において，レムニスケート曲線の弦 CO を t とし，等式 $z = \dfrac{2t\sqrt{1-t^4}}{1+t^4}$ により z を定め，z に等しい長さをもつ弦 CS を指定してみます．このとき，等式 $\int_0^z \dfrac{dz}{\sqrt{1-z^4}} = \int_t^1 \dfrac{2dt}{\sqrt{1-t^4}}$ の左辺の積分は直弧 CS を表わし，右辺は逆弧 OL の2倍を表わします．

この議論をもう少し先に進めて，逆弧 HL の2倍の長さをもつ直弧を CS として，2点 S, H が点 T において重なり合うという状況を想定してみます．その場合，直弧 CT は逆弧 TL の2倍になりますから，点 T はレムニスケート曲線の4分の1部分の3等分点のひとつであることがわかります．

点 T の位置を正確に指定するため，等式 $z = \dfrac{2t\sqrt{1-t^4}}{1+t^4}$ において $t=z$ と置くと，代数方程式 $z = \dfrac{2z\sqrt{1-z^4}}{1+z^4}$ が現れますが，これを解くと，

$$z = \sqrt[4]{-3+2\sqrt{3}}$$

という数値が得られます．そこで弦 CT にこの z の値を与え，前章の手法により逆弧 TL に等しい直弧 CI を手に入れると，レムニスケート曲線の4分の1部分は2点 I, T において3等分さ

れることがわかります(図2). z の表示式を見れば諒解されるように, この3等分点もまた定規とコンパスのみを用いて指定することができます.

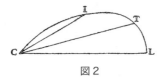

図2

レムニスケート曲線の4分の1部分の5等分

これまでに判明した事柄を集めると, レムニスケート曲線の4分の1部分を5等分することが可能になります.

図1と図3を参照しながら, ファニャノによる5等分の手順を紹介したいと思います. レムニスケート曲線の弦 CI を u, 弦 CS を z と名づけるのですが, その際, 弦 CS は $z = \dfrac{2u\sqrt{1-u^4}}{1+u^4}$ となるように定めます(図1). このとき, 定理 V により, 弧 CS は弧 CI の2倍になります. 次に, 弦 CO を r と名づけ, その際, $u = \dfrac{2r\sqrt{1-r^4}}{1+r^4}$ となるように定めると, 直弧 CI は逆弧 OL の2倍になります. したがって, 直弧 CS は逆弧 OL の4倍であることになります(図1).

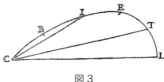

図3

そこで今, 等式 $z = r$ が成立するように u を定めると, その

u に対応する2点 S, O は合致します。その重なり合う位置に配置される点をあらためて T で表すと、弧 TL はレムニスケート曲線の4分の1部分を5等分してできる五つの弧のひとつです。その弧 TL の2倍の長さをもつ弧 CI は五つの部分のうちの二つを含み、弧 IT にも二つの部分が含まれています (図3)。

5等分点を実際に指定するには、まず直弧 CI に等しい逆弧 EL を定め、次に逆弧 TL に等しい直弧 CB を定めます。このようにするとき、レムニスケート曲線の4分の1部分は4個の点 B, I, E, T において5等分されます (図3)。この定め方によれば、5等分点を定規とコンパスのみを用いて指定することができるのは明らかです。

5等分を実現する u の値を求めるには、三つの方程式

$$z = \frac{2u\sqrt{1-u^4}}{1+u^4}, \ u = \frac{2r\sqrt{1-r^4}}{1+r^4}, \ z = r$$

を用います。z と r を消去すると u が満たすべき代数方程式が得られますが、それは u^4 に関して8次です。u と r を消去すると z に関する代数方程式が得られますがその形は u に関する方程式と同じです。

レムニスケート等分の続き

ここまでのところで、レムニスケート曲線の4分の1部分を2等分すること、3等分すること、それに5等分することができることがわかりました。2等分すると長さの等しい2個の部分に分かれますが、それらの各々をさらに2等分して、全体を4等分することができます。それらの4個の部分の各々を2等分することもまた可能ですし、以下、どこまでも続きます。これまでに観察してきた手法を組み合わせればよいことですので、詳述は略

します．3等分と5等分についても同様です．

ファニャノは「レムニスケートを測定する方法」の第2論文においてこのように語り，

> レムニスケートの4分の1部分は3通りの式，すなわち 2×2^m, 3×2^m, 5×2^m という形の式で表示される個数の部分に，代数的に等分可能である．ここで，m は任意の正整数を表わす．

と指摘し，それから，

> これは私の曲線の新しくて特異な性質である．

と言い添えました．「私の曲線」の一語に，レムニスケート曲線に寄せるファニャノの強い愛着が感じられます．

再びオイラーへ

レムニスケート曲線の等分理論を語るファニャノの言葉の観察が一段落しましたので，再びオイラーの二論文［E252］「求長不能曲線の弧の比較に関する諸観察」と［E251］「微分方程式 $\dfrac{mdx}{\sqrt{1-x^4}} = \dfrac{ndy}{\sqrt{1-y^4}}$ の積分について」に立ち返りたいと思います．オイラーはファニャノのいろいろな発見によほど感銘を受けたようで，［E252］の序文で，

> ファニャノ伯爵がどのようにしてこれらの事柄を発見したのかということについては，むしろ不思議なことと思わなければならない．

と語っているほどです.

論文 [E 252] において,オイラーはまず楕円と双曲線の弧長の測定に関するあれこれを観察し,それからレムニスケート曲線へと歩を進めました.ファニャノの等分理論の回想から説き起こしつつ,独自におもしろい所見も付け加えているのですが,オイラーの関心事はあくまでも微分方程式にありましたので,等分理論に深入りする様子は見られません.実際,ひと通り回想を終えると,オイラーは

> このような観察を通じて,積分計算のあなどるべからざる成長がもたらされる.というのは,これらの観察のおかげで,一般にほとんど望みえないようなきわめて多くの微分方程式の,特殊積分を提示することができるようになるからである.

と述べています.微分方程式

$$\frac{du}{\sqrt{1-u^4}} = \frac{dz}{\sqrt{1-z^4}}$$

については,自明な積分 $u=z$ のほかに,

$$u = -\sqrt{\frac{1-z^2}{1+z^2}}$$

という特殊積分が存在します.ファニャノはこの特殊積分を,レムニスケート曲線の直弧と等しい逆弧を指定するための変数変換のつもりで提示したのですが,オイラーの目には微分方程式の特殊積分のように映じました.同様に,微分方程式

$$\frac{du}{\sqrt{1-u^4}} = \frac{2dz}{\sqrt{1-z^4}}$$

が提示された場合,オイラーは二つの特殊積分

$$u = \frac{2z\sqrt{1-z^4}}{1+z^4}, \quad u = \frac{-1+2z^2+z^4}{1+2z^2-z^4}$$

を報告しました．前者はファニャノによるもので，ファニャノはこれをレムニスケート曲線の一般弧を2倍化，もしくは2等分するための変数変換式として発見したのでした．後者の積分は，ファニャノの考え方に沿ってオイラーが付け加えたものです．

　楕円と双曲線の弧に関する事柄も，微分方程式の視点から見ると，通常の仕方では積分を求められそうにない微分方程式の特殊積分を与えているように見えます．結果のみ書き留めておくと，楕円に由来する微分方程式

$$dx\sqrt{\frac{1-nx^2}{1-x^2}}+du\sqrt{\frac{1-nu^2}{1-u^2}}=(xdu+udx)\sqrt{n} \quad (n \text{ は定量})$$

は，特殊積分

$$1-nx^2-nu^2+nu^2x^2=0$$

をもちます．同じく楕円に由来する微分方程式

$$dx\sqrt{\frac{1-nx^2}{1-x^2}}+du\sqrt{\frac{1-nu^2}{1-u^2}}=n(xdu+udx)$$

は，特殊積分

$$1-x^2-u^2+nu^2x^2=0$$

をもっています．形に一般性をもたせて，微分方程式

$$dx\sqrt{\frac{f-gx^2}{h-kx^2}}+du\sqrt{\frac{f-gu^2}{h-ku^2}}$$

$$=(xdu+udx)\sqrt{\frac{g}{h}} \quad (f,g,h,k \text{ は定量})$$

を考えると，特殊積分

$$fh-gh(x^2+u^2)+gkx^2u^2=0$$

が見つかります．このようなわけで，「ここに提示されたいろいろな事柄は，解析学の手段をよりよく改良するための手掛かりを，私に与えてくれたように思われた」と，オイラーは［E 252］の末尾に書き添えました．

レムニスケート積分の加法定理

論文［E 251］に移ると，オイラーの関心は完全に曲線から離れ，全面的に微分方程式の解法に向かいます．はじめに取り上げられたのは，

$$\frac{dx}{\sqrt{1-x^4}} = \frac{dy}{\sqrt{1-y^4}}$$

という，懸案の微分方程式でした．ファニャノの発見を目にしたオイラーは，この微分方程式のひとつの特殊積分 $x^2y^2+x^2+y^2-1=0$ を認識しましたが，これがきっかけになって完全積分を発見することに成功しました．それは，

$$x^2+y^2+c^2x^2y^2 = c^2+2xy\sqrt{1-c^4} \quad (c \text{ は定量})$$

という積分です．この方程式は代数方程式ですから，代数的積分という言葉がよく似合います．$c=0$ のときは $x^2+y^2=2xy$ となりますが，これは自明な積分 $x=y$ と同等です．$c=1$ のときは $x^2y^2+x^2+y^2-1=0$ となり，ファニャノが発見した特殊積分が現れます．

この完全積分には「レムニスケート積分の加法定理」が内包されています．実際，微分方程式 $\dfrac{dx}{\sqrt{1-x^4}} = \dfrac{dy}{\sqrt{1-y^4}}$ を積分すると，等式

$$\int_0^x \frac{dx}{\sqrt{1-x^4}} = \int_0^y \frac{dy}{\sqrt{1-y^4}} + C \quad (C \text{ は定量})$$

が得られますが，初期条件「$y=0$ のとき $x=c$」を課すと定量 C の形が確定して，$C = \displaystyle\int_0^c \frac{dc}{\sqrt{1-c^4}}$ となり，それ自身，レムニスケート積分であることがわかります．他方，完全積分 $x^2+y^2+c^2x^2y^2 = c^2+2xy\sqrt{1-c^4}$ を x に関する代数方程式と

見てこれを解くと，

$$x = \frac{y\sqrt{1-c^4}+c\sqrt{1-y^4}}{1+c^2y^2}$$

という表示式が得られます．この状況を言い換えると，二つの変化量 y, c が与えられたとき，もうひとつの変化量 x を上記の表示式によって定めると，二つのレムニスケート積分の和がひとつのレムニスケート積分と等値されて，等式

$$\int_0^y \frac{dy}{\sqrt{1-y^4}} + \int_0^c \frac{dc}{\sqrt{1-c^4}} = \int_0^x \frac{dx}{\sqrt{1-x^4}}$$

が成立するということになります．これが「レムニスケート積分の加法定理」です．

倍角の公式

三角関数の加法定理から倍角の公式が導出されますが，それと同様に，レムニスケート積分の加法定理から倍角の公式が導かれます．前記のレムニスケート積分の加法定理において $y = c$ の場合を考えると，$x = \dfrac{2y\sqrt{1-y^4}}{1+y^4}$ のとき，等式

$$\int_0^x \frac{dx}{\sqrt{1-x^4}} = 2\int_0^y \frac{dy}{\sqrt{1-y^4}}$$

が得られます．これが2倍角の公式ですが，レムニスケート曲線の弧を2倍もしくは2等分する際にファニャノが発見した変数変換式と同じものです．以下も同様にして，2倍角の公式から3倍角の公式が導かれ，3倍角の公式から4倍角の公式が導かれます．一般に，自然数 n に対して n 倍角の公式

$$\int_0^x \frac{dx}{\sqrt{1-x^4}} = n\int_0^y \frac{dy}{\sqrt{1-y^4}}$$

が成立した場合，変化量 u を
$$u = \frac{y\sqrt{1-x^4} + x\sqrt{1-y^4}}{1+x^2 y^2}$$
と定めれば，$(n+1)$ 倍角の公式
$$\int_0^u \frac{dx}{\sqrt{1-u^4}} = \int_0^x \frac{dx}{\sqrt{1-x^4}} + \int_0^y \frac{dy}{\sqrt{1-y^4}}$$
$$= (n+1)\int_0^y \frac{dy}{\sqrt{1-y^4}}$$
が成立します．

　ここまでの計算は n は自然数，すなわち正の整数としていますが，n が負の整数の場合にも同様の計算が進行し，結局のところ，あらゆる整数 n に対して n 倍角の公式が成立することがわかります．

第5章
オイラーからルジャンドルへ

微分方程式 $\dfrac{dx}{\sqrt{1-x^4}} = \dfrac{2dy}{\sqrt{1-y^4}}$ の完全積分

オイラーの論文［E 251］を読み進めてレムニスケート積分の加法定理と倍角の公式に到達しましたが，倍角の公式があれば等分方程式を書き下すことが可能になりますし，等分理論の方向に歩を進めるのが自然なことのように思います．ファニャノはレムニスケート曲線の4分の1部分の3等分と5等分を語りましたが，オイラーの倍角の公式を土台にすれば，ファニャノを大きく凌駕して一般等分理論の建設をめざすことも，十分に現実性を帯びてきます．実際，アーベルはこれを実行したのですが，オイラーは等分理論には関心がなかったようで，もっぱら微分方程式の方向に進みました．

ファニャノの示唆を受けて，オイラーは微分方程式

$\dfrac{dz}{\sqrt{1-z^4}} = \dfrac{du}{\sqrt{1-u^4}}$ の完全積分

(1) $\quad z^2 + u^2 + c^2 z^2 u^2 = c^2 + 2zu\sqrt{1-c^4}$ （c は定量）

を発見することができました．そこで，

(2) $\quad x = \dfrac{z\sqrt{1-u^4} + u\sqrt{1-z^4}}{1 + u^2 z^2}$

と置いて新しい変化量 x を定めると，等式

$$\int_0^x \frac{dx}{\sqrt{1-x^4}} = \int_0^z \frac{dz}{1-z^4} + \int_0^u \frac{du}{\sqrt{1-u^4}}$$

が成立します．これはレムニスケート積分の加法定理にほかなりませんが，両辺の微分を作ると，微分方程式 $\frac{dx}{\sqrt{1-x^4}} = \frac{dz}{\sqrt{1-z^4}} + \frac{du}{\sqrt{1-u^4}}$ に移動します．そこでこれを $\frac{dz}{\sqrt{1-z^4}} = \frac{du}{\sqrt{1-u^4}}$ と接合すると，微分方程式

(3) $$\frac{dx}{\sqrt{1-x^4}} = \frac{2du}{\sqrt{1-u^4}}$$

が手に入ります．二つの変化量 x, u の関係はどうかといいますと，上記の二つの代数方程式 (1), (2) から z を消去する手順を踏むと，二つの変化量 x, u を連繋する関係式が得られますが，それは代数方程式であり，しかもそこには 1 個の定量 c が入っているのですから，微分方程式 (3) の完全代数的積分を与えています．同じ微分方程式 (3) は積分に移ればレムニスケート積分の 2 倍角の公式を与えているのですが，オイラーの視線は逆の方向に向っていることがわかります．

微分方程式 $\frac{mdx}{\sqrt{1-x^4}} = \frac{ndy}{\sqrt{1-y^4}}$ の完全積分

ここから先も同様の議論を続けていけば，一般に n は正の整数とするとき，微分方程式

(4) $$\frac{dx}{\sqrt{1-x^4}} = \frac{ndu}{\sqrt{1-u^4}}$$

は完全代数的積分可能であることが明らかになります．また，

計算は省略しますが，n が負の整数のときも同様の論証が進行しますから，微分方程式の (4) の完全代数的積分可能性は n の正負にかかわらずつねに成立し，完全代数的積分，すなわち 1 個の未知定量を含む x と y の間の代数方程式を作ることができます．

次に，m は任意の整数とするとき，微分方程式

(5) $$\frac{dy}{\sqrt{1-y^4}} = \frac{mdu}{\sqrt{1-u^4}}$$

もまた完全代数的積分可能であることがわかりますが，完全代数的積分でなくとも，一個の特殊代数的積分を書き下し，それを (4) の完全代数的積分と組み合わせて u を消去すれば，1 個の未知定量を含む x と y の代数方程式が得られます．それは微分方程式

$$\frac{mdx}{\sqrt{1-x^4}} = \frac{ndy}{\sqrt{1-y^4}}$$

の完全代数的積分にほかなりません．

分離方程式の代数的積分

レムニスケート曲線の弧長測定から供給される分離方程式の中でも，非常に一般的な形のものについて，オイラーは完全代数的積分をみいだすことに成功しましたが，ここを足場にして，オイラーはさらに歩を進め，分離方程式の形を一般化していきました．本質的な計算はここまでに紹介した足どりで尽くされていますので，結果のみをお伝えすると，オイラーは

$$\frac{dx}{\sqrt{A+2Bx+Cxx+2Dx^3+Ex^4}}$$
$$= \frac{dy}{\sqrt{A+2By+Cyy+2Dy^3+Ey^4}}$$

という形の完全代数的積分を見つけることに成功しました．それは，
$$0 = \alpha + 2\beta(x+y) + \gamma(x^2+y^2) + 2\delta xy + 2\varepsilon xy(x+y) + \zeta x^2 y^2$$
という形の代数方程式です．ここで，$\alpha, \beta, \gamma, \delta, \varepsilon, \zeta$ は定量ですが，任意なのはひとつだけで，他の定量はそのひとつに依存しています．もう少し具体的に言うと，まず β と ε の間に

$$\frac{BB(\varepsilon\varepsilon-E) - D^2(\beta^2-A)}{A\varepsilon^2 - E\beta^2} + \frac{2AD\varepsilon - 2BE\beta}{B\varepsilon - D\beta} = C$$

という関係式が成立しますから，二つの定量 β と ε のうち，どちらか一方のみが任意です．他の諸量は，等式

$$\gamma = \frac{A\varepsilon^2 - E\beta^2}{B\varepsilon - D\beta}, \ \alpha = \frac{\beta^2 - A}{\gamma}, \ \zeta = \frac{\varepsilon^2 - E}{\gamma}$$
$$\delta = \frac{B\beta(\varepsilon^2-E) - D\varepsilon(\beta^2-A)}{A\varepsilon^2 - E\beta^2} = \gamma + \frac{B + \alpha\varepsilon}{\beta}$$

により定められます．

具体的な事例として，オイラーは微分方程式

$$\frac{dx}{\sqrt{1+x^3}} = \frac{dy}{\sqrt{1+y^3}}$$

を挙げています．この微分方程式は代数的に積分可能で，完全積分は代数方程式

$$4c + 4c^2(x+y) - x^2 - y^2 + 2xy + 2cxy(x+y) - c^2 x^2 y^2 = 0$$

で与えられます．y について解くと，

$$y = \frac{2c^2 + x + cx^2 \pm 2\sqrt{c(1+c^3)(1+x^3)}}{1 - 2cx + c^2 x^2}$$

という形になります．c は任意定量ですが，特別の場合として $c=0$ と取ると，$y=x$ という特殊積分が得られます．この積分

は一般的な定理がなくても見ればわかります．

$c=-1$ なら，対応する特殊積分は

$$y = \frac{2+x-x^2}{1+2x+x^2} = \frac{2-x}{1+x}$$

となりますが，これを手探りで見つけるのは無理と思います．特筆に値するのは，オイラーは $c=\infty$ の場合を排除していないことで，この場合の特殊積分は，

$$y = \frac{2 \pm 2\sqrt{1+x^3}}{x^2}$$

となります．

オイラーの言葉を続けると，オイラーはいっそう一般的な微分方程式

$$\frac{mdx}{\sqrt{A+2Bx+Cxx+2Dx^3+Ex^4}}$$
$$= \frac{ndy}{\sqrt{A+2By+Cyy+2Dy^3+Ey^4}}$$

を提示して，

> もし係数 m と n の比が有理的なら，（この微分方程式は）つねに代数的かつ完全に積分可能であることに注意しなければならない．実際，この積分は，前に私が提出した方程式（註．$\frac{mdx}{\sqrt{1-x^4}} = \frac{ndy}{\sqrt{1-y^4}}$）に対して用いたのと同様の方法により構成される．しかし，私がここでいくつかの範例を報告した方法は，その特質をいっそう入念に改良してめざましい応用にかなうものにすることが可能である．そうしてその作業を通じて，解析学においてあなどるべからざる恩恵がもたらされるであろうと私には思われる．

と，所見を語りました．微分方程式の解法理論が大きく進展することに確信があったのでしょう．

アーベルは「楕円関数研究」の冒頭で楕円関数論のはじまりに言及し,

> このような関数(註. 楕円関数)の最初のアイデアは, 分離方程式
> $$\frac{dx}{\sqrt{\alpha+\beta x+\gamma x^2+\delta x^3+\varepsilon x^4}} + \frac{dy}{\sqrt{\alpha+\beta y+\gamma y^2+\delta y^3+\varepsilon y^4}} = 0$$
> が代数的に積分可能であることを証明する際に, 不滅のオイラーによって与えられた.

とオイラーの名を挙げましたが, ここまでのところでこのアーベルの言葉の意味はすっかり明らかになりました.

ルジャンドルの楕円関数論

ずいぶん遠回りの作業になってしまいましたが, ファニャノとオイラーの数学的交流の姿を観察することにより, 楕円関数論はオイラーに始まるというアーベルの言葉がいかに妥当であるか, この間の消息が細部にいたるまで詳細にわかるようになりました. そこでアーベルの「楕円関数研究」に立ち返り, 序文の続きを読むと, 前に引用したように, ラグランジュとルジャンドルの名に出会います. ラグランジュのことはしばらく措き, アーベルの言葉をさらに読み進めると, ルジャンドルの研究が詳しく語られています. 次に引くのはルジャンドルの楕円関数論を語るアーベルの言葉です.

> 一般に, 楕円関数の名のもとに諒解されているものは, 積分
> $$\int \frac{Rdx}{\sqrt{\alpha+\beta x+\gamma x^2+\delta x^3+\varepsilon x^4}}$$
> ここで R は有理関数で, $\alpha, \beta, \gamma, \delta$ は実定量, に包摂されてい

るすべての関数である．ルジャンドル氏は，適当な置き換えを行なうことにより，この積分をつねに

$$\int \frac{Pdy}{\sqrt{a+by^2+cy^4}}$$

ここで P は y^2 の有理関数，という形に帰着させることができることを証明した．続いて，適当な置き換えにより，この積分は

$$\int \frac{A+By^2}{C+Dy^2} \frac{dy}{\sqrt{a+by^2+cy^4}}$$

および

$$\int \frac{A+B\sin^2\theta}{C+D\sin^2\theta} \frac{d\theta}{\sqrt{1-c^2\sin^2\theta}}$$

ここで c は1より小さい実数，という形に帰着される．

このことから，どのような楕円関数も三通りの形状

$$\int \frac{d\theta}{\sqrt{1-c^2\sin^2\theta}}, \int d\theta\sqrt{1-c^2\sin^2\theta},$$

$$\int \frac{d\theta}{(1+n\sin^2\theta)\sqrt{1-c^2\sin^2\theta}}$$

のうちのひとつに還元可能であることが明らかになる．ルジャンドル氏はこれらの積分に，第1種楕円関数，第2種楕円関数，第3種楕円関数という名を与えた．ルジャンドル氏が考察したのはこのような三種類の関数だが，その中でも特に，きわめて簡明な，注目に値する諸性質をもっている第1種楕円関数が考察された．

ここに記されているのはルジャンドルの楕円関数論のスケッチですが，ルジャンドルの理論はアーベルの楕円関数論のための土台ですので，アーベルを理解するためには詳細な検討が不可欠です．ルジャンドルはオイラーやアーベルのように際立って創意のある理論を構築したわけではないのですが，オイラーとラグラン

ジュの研究を踏まえて、アーベルによるスケッチに記されているように、楕円関数という呼称を提案したり、楕円関数を三種類に区分けしたりというふうに、懇切な仕事を重ねました。アーベルの楕円関数論に本質的な影響を及ぼしたのはオイラーとガウスですが、そのアーベルもまた具体的な勉強の場で参考にしたのはルジャンドルの一連の著作なのでした。

ヤコビとルジャンドル

若いヤコビが楕円関数研究の場で著しい結果を得て、シューマッハーとルジャンドルに宛てて手紙を書いて報告したことは既述の通りですが、ヤコビの研究テーマは楕円関数の変換理論でした。そこで変換理論のことをもう少し立ち入って回想してみたいと思います。

この方面の基本文献はルジャンドルの著作

『さまざまな位数の超越関数と求積法に関する積分計算演習』
（以下、『積分演習』と略称します。「超越関数」の言語はtranscendantes。）

です。この作品については、アーベルが「楕円関数研究」の序文で『数学演習』と略記して言及していました（10頁参照）。全3巻で編成されている大作で、第1巻が刊行されたのは1811年。それから1814年に第2巻、1819年に第3巻が刊行されました。アーベルもヤコビもこの作品を読んで楕円関数論を勉強したのですし、まさしくそこにこの著作の値打ちがあります。ルジャンドルは数学者としては第一級とは言えないように思いますが、大きな著作を何冊も書いて、18世紀の数学を、というのはつまりオイラーの数学というのとほぼ同じ意味になりますが、集大成する役

割を果たしたのはまちがいなく、それはそれでかげがえのない仕事でした．

ヤコビはルジャンドルの『積分演習』を読み、変換理論においてあるアイデアを得て、「天文報知」の編纂者シューマッハーのもとに2通の手紙を書いて報告しました．それはシューマッハーの目にも値打ちがあったと見えて、「ケーニヒスベルク大学のヤコビからシューマッハーへの2通の手紙の抜粋」という表題のもとで、「天文報知，巻6，第123号に掲載されました．刊行されたのは1827年9月です．この間の経緯については既述の通りです．この時期のヤコビの所在地はケーニヒスベルク．第1書簡の日付は1827年6月13日です．書き出しのあたりに目を通してみたいと思います．

> 楕円超越関数 (註．言語は transcendantes elliptiques) に関するノートをお送りいたしますので，あなたの雑誌に掲載していただけますよう，お願いいたします．私はこの理論においていくつかの非常に興味の深い発見をしたと自負しておりますが，それらを報告して幾何学者たちの判断にゆだねたく思います．
>
> $\int \frac{d\varphi}{\sqrt{1-cc\sin^2\varphi}}$ という形の積分は，モジュール c が多種多様であるのに応じて，さまざまな超越関数に所属します．相互に移行可能なモジュールの系として知られているのはただひとつしかありませんし，ルジャンドル氏は『演習』において，それだけしか存在しないとさえ述べています．ではありますが，実際には，そのような系は素数の個数だけ存在します．言い換えますと，互いに独立な無限に多くのそのような系が存在し，それらの各々は1個の素数に対応します．すでに知られている系は素数2に対応するものです．

ここまでがいわば前置きで，変換理論においてルジャンドルが何をしたのか，簡潔に回想されています．

変換理論

変換理論においてルジャンドルがしたことの回想に続いて，ヤコビ自身の寄与が語られていくのですが，ルジャンドルが何をしたのかというところにも興味がありますし，むしろここを押さえておかなければ，ヤコビの発見の意味合いも不明瞭になりがちです．ヤコビによれば，ルジャンドルはともあれ$\int \frac{d\varphi}{\sqrt{1-cc\sin^2\varphi}}$という形の積分を考えたのですが，これは定数 c に依存する積分で，この定数はモジュールと呼ばれ，積分$\int \frac{d\varphi}{\sqrt{1-cc\sin^2\varphi}}$の全体を制御するパラメータのような役割を果たしています．このような積分のすべての作る世界において相互変換を考えるのが，ルジャンドルのいう変換理論で，ヤコビはそれを「相互に移行可能なモジュールの系」を見つける問題としてとらえていることになります．

ここまではヤコビの言葉を再現しただけですが，これ以上のことはルジャンドル自身に聞いてみなければわかりません．そこで強く心を引かれるのはルジャンドルの著作『積分演習』です．第1巻の書き出しのあたりに目を通してみたいと思います．

ルジャンドルの『積分演習』

ルジャンドルの著作『積分演習』の原書名は

Exercices de calcul intégral sur divers ordres de transcendantes et sur les quadratures

というのですが，訳語を割り当てようとするといつも困惑してしまいます．ここにはキーワードが二つあります．ひとつは *transcendantes*，もうひとつは *quadratures* です．

前者の transcendantes は「超越的な」という訳語を割り振られることの多い形容詞ですが，ここでは名詞として使われていますので，「超越的なもの」という感じになります．少し前にひとまず「超越関数」という訳語をあてました．数学で「超越的なもの」といえば，「代数的ではないもの」という意味合いで使われるのが普通です．この一語の前に *divers ordres* という言葉がありますが，これは「さまざまな位数」という意味ですから，「超越的なもの」の各々には「位数」と呼ばれる数値が附随しているかのような印象があります．あるいはまた，「超越的なるもの」の「超越性」にはさまざまな度合いがあるということが考えられているのかもしれません．もしそうなら，これを要するに「超越的なるもののいろいろ」というふうになりそうで，それでしたら別段，不可解な感じはありません．

もうひとつのキーワードの *quadratures* は，歴史的には「求積法」すなわち「面積を求める方法」という意味合いで使われてきたと思いますが，その方法の実体はつまり「積分計算」です．そこで，ひとまず「求積法」という訳語をあてておいて，それをつねに積分計算のことと諒解することにしておくのも一案です．

目次を概観すると，第1巻は3部門で構成されています．

第1部　楕円関数

第2部　オイラー積分

第3部　求積法

中味を見ずにあれこれと想像しても仕方がありませんので，第

1部「楕円関数」の書き出しの部分を読んでみたいと思います.

> 代数的に積分される微分式から円弧もしくは対数を用いて積分される微分式にいたるまで,ことごとくみな汲み尽くされてしまった後,幾何学者たちは楕円の弧や双曲線の弧を用いて積分されるすべての微分式を探索する仕事に打ち込んできた.

これが第1文で,末尾に脚註を示すマークがついています.その脚註に記されているのは,イギリスの数学者マクローリンの著作『流率概論』と,ダランベールの名と「ベルリン科学アカデミー紀要,1746」という文言です.マクローリンの著作はニュートンの流率法を組織的に叙述した最初の作品として知られています.刊行は1742年.全2巻の大きな書物です.マクローリンは微積分の「マクローリン展開」に今日も名を残しています.ダランベールについては1746年のベルリン科学アカデミーの紀要に関連する論文が掲載されているということであろうと思われますが,その論文の題目などはわかりません.

ルジャンドルは微積分のはじまりにさかのぼって説き起こそうとしているかのようで,書き出しの一文を見ただけでも,そんな雰囲気がよく伝わってきます.

「超越的なもの」のあれこれ

ルジャンドルの『積分演習』の第2部の冒頭の言葉を続けます.第2文は次の通りです.

> これらの「超越的なもの」は,円関数と対数に続く1番はじめの序列を占めることになると考えられていた.そうして

「新計算」の進歩のためには，このような還元を受け入れるあらゆる積分を，周知の一困難へと帰着させていかなければならなかった．

たったこれだけのことですが，今日ではもう見られない言葉が散見します．「新計算」の原語は *nouveaux calculs* で，これをそのまま訳出したのですが，「新しい計算」というのは何のことなのか，言葉を見るだけではまったく見当がつきません．いったい何かというと，これは今日の微積分のことで，ライプニッツの時代には無限解析という名で呼ばれていました．無限解析もしくは微積分がどうして「新しい計算」なのかというと，無限解析に先行してすでにいろいろな計算が存在していたからです．加減乗除に「冪根を取る」計算を合わせたものが代数的な計算ですが，これに加えて対数計算などもありました．この計算術の系譜に，17世紀になって新たに加わったのが微分と積分の計算ですから，「新しい計算」という呼称はいかにも相応しい感じがあります．

「新しい計算」の実体は無限解析で，その中味は微分計算と積分計算という，相互に逆向きの関係になっている2種類の計算法で構成されています．ルジャンドルが『積分計算演習』において関心を寄せているのは積分計算のほうで，積分計算というくらいですから，関心の中心は積分の計算法にあります．では，何をもって「積分」といい，いかなる計算をもって「積分計算」というのでしょうか．

こんなふうに考えていくと，おのずと無限解析のはじまりのころに引き戻されていくような感慨があります．ライプニッツ，ベルヌーイ兄弟，ロピタル，ファニャノなど，それにオイラーの論文や著作が次々と念頭に浮かびます．無限解析はオイラー以前とオイラーとでは様相を異にするのですが，ルジャンドルは双

方を承知しているわけですし,ひとまずオイラーの流儀に従ってみます. x は変化量とし,X(x の大文字)は x の関数とします.オイラーは 3 通りの関数概念を語っていましたが,ここでは「解析的式としての関数」を考えます.オイラーの世界では関数もまた変化量であり,しかも「解析的式としての関数」は,与えられた変化量 x を元手にして新たな変化量を作っていくシステムとして機能するのでした.このような情勢のもとで Xdx という式を考えると,これがつまり第 3 章と第 4 章で紹介したファニャノの定理 (39 頁の定理 I と 41-46 頁の定理 II - VI) の文言にも出てきた「微分式」というものです.

第6章
楕円関数の呼称の由来

微分式の積分

　今日の微積分では積分の対象は関数ですが、ルジャンドルは微分式の積分を考察しています。ルジャンドルはオイラーの影響を受けてそうしているのですが、オイラーは関数に対してではなく、微分式を対象にして積分の概念を規定しました。オイラーの著作『積分計算教程』(全3巻．刊行年は順に1768年，1769年，1770年)の第1巻の冒頭に微分式 Xdx の積分の定義が出ていますが、それによると微分式 Xdx の積分というのは等式

$$dy = Xdx$$

を満たす変化量 y のことで、オイラーはそれを

$$y = \int Xdx$$

と表示しました。今日の微積分で不定積分を表わすのに用いる記号と同じです。

　積分の問題というのは何かというと、なるべく多くの種類の微分式の積分を具体的に求めることで、そのためにさまざまな工夫が案出されました。それが無限解析のはじまりのころの情景です。関数 X の形が簡単なものであれば、三角関数や対数を元手にして Xdx の積分 y を表示することができますし、今日の微積分のテキストにも紹介されています。今は「三角関数を使って積分を計算する」などという言い方をしますが、それと同等のこと

を，ルジャンドルは「円弧を用いて積分する」と言ったり，「円関数を用いて積分する」と言ったりしています．

「円弧を用いる」という言い方には，オイラー以前の黎明期の無限解析の雰囲気がただよっています．変数変換を工夫して積分の形を変形し，円弧を表示する積分，すなわち円積分に帰着させることができたなら，それで積分計算は完了します．円弧の長さは既知と見られているからです．微分式 Xdx の形が複雑になると，円弧や対数だけではまにあわなくなりますので，数学者たちは楕円や双曲線の弧を持ち出して，それらの長さを表示する積分に帰着させようとして工夫を凝らしました．

微分式 Xdx における関数 X の意味を広く取り，「x の変化の仕方に相互に依存しながら変化する変化量」，あるいは「x が取る個々の値に対し，対応する値がそのつど確定する変化量」というふうに理解すると，微分式 Xdx の積分の意味合いはとたんに不明瞭になります．オイラーはすでにそのような場合をも考察しようとしていましたが，オイラーが心に描いていた数学的企図が具体化するには，後年のコーシーを俟たなければなりませんでした．

「超越的なもの」の序列について

「新しい計算」と「積分」についてはこれでよいとして，さてその次に気に掛かるのは，「これらの「超越的なもの」は，円関数と対数に続く1番はじめの序列を占める」という文言です．「超越的なもの」にもいろいろな種類があることを示唆するかのような言葉ですが，序列をつけて配列すると，円関数（というよりも，ここでは単に円弧というほうが適切と思います）と対数の次に真っ先に登場するのが「楕円の弧や双曲線の弧」であるというのが，ルジャンドルの文言の中味です．

積分の概念に立ち返って微分式 Xdx の積分と呼ばれる変化量 $y = \int Xd$ を考えると,この変化量はひんぱんに超越的になります.どのような意味かというと,y 自身が超越的というのではなく,「x に関して超越的」という意味で,換言すると「x と y の間に代数的な関係が存在しない」ということにほかなりません.微分計算を楕円や双曲線に適用して弧の長さを算出すると,弧の線素,すなわち弧の無限小部分の長さを表す微分式 Xdx が手に入ります.この場合,X は x と定量を用いて代数的に組み立てられる簡単な形の関数で,加減乗除のほかには「平方根を開く」という程度の演算しか使われていません.それでも弧長を表す積分 y は x に関して超越的です.

楕円や双曲線は古くから円錐曲線としてよく知られていた曲線ですし,積分の計算にあたって,円弧や対数の次に利用するものとして楕円や双曲線が念頭に浮かぶのはいかにも自然です.この素朴な連想により,楕円や双曲線は多種多様な「超越的なもの」の間で「1番はじめの序列を占める」ことになりました.

それなら「2番目の序列」にはどのような「超越的なもの」が位置を占めるのかというと,そういうものは存在しないのではないかと思います.無限解析のはじまりの時点でさまざまな積分の算出が問題になり,数学者たちの関心を集め,円弧や対数に帰着させようとする試みが重ねられました.簡単な形の微分式の積分がすぐに超越的になってしまい,正体をつかむのがむずかしかったのです.それで前述したファニャノの論文などが思い起こされるのですが,ファニャノは「レムニスケートを測定する方法 第1論文」という論文の前書きでレムニスケート曲線に言及していました.ベルヌーイ兄弟(ヨハンとヤコブ)はイソクロナ・パラケントリカ(側心等時曲線)を作図しようとして,それをレムニスケート曲線

の作図に帰着させることに成功し，これによってレムニスケート曲線が有名になったというのでした．このような情景が，「曲線の世界」における積分計算の実体です．そこから「曲線」の一語を抜いて描写を重ねていくと「微分方程式の世界」への道が開かれていきますが，これを遂行したのがオイラーでした．

ファニャノの言葉の先をもう少し回想すると，ファニャノはベルヌーイ兄弟の成果を踏まえたうえで，レムニスケート曲線の弧長測定をさらに楕円や双曲線の弧長測定に帰着させました．ファニャノはこう言っていました．

> レムニスケートよりもいっそう簡単な何かある他の曲線を媒介としてレムニスケートを作図するとき，イソクロナパラケントリカのみならず，レムニスケートに依拠して作図することの可能な他の無数の曲線の，いっそう完全な作図が達成されることは明らかである．

このファニャノの言葉はそのままルジャンドルの言葉に連繋しています．

「超越的なるもの」とは

ここまでのところで明らかになったことを振り返ると，「超越的なるもの」というのはどうやら「超越的な変化量」のことと理解してよさそうで，それなら無限解析のはじまりのころからの伝統がそのまま踏襲されていることになります．円や楕円や双曲線の弧を表示する積分は超越的な変化量ですが，オイラーが認識していたように，一般に積分の世界は超越的な変化量の宝庫です．ルジャンドルはその情景を指して「さまざまな位数の *transcendantes*」と言い表したのですから，ここに「関数」の一語

を割り当てて「超越関数」と訳出するのはやはり早計で，ひとまず「さまざまな位数の超越量」というくらいにしておくのが適切と思います．ただし，少し後に「関数」の一語がいわば復活し，「楕円関数」という用語が使われるようになりました．その場合，「関数」は「*fonctions*」の訳語です．「楕円関数」という用語はルジャンドルによる造語で，顧みれば『積分演習』第1巻の第1部のタイトルからしてすでに「楕円関数」となっています．

ルジャンドルの言葉にもどると，「新計算」が進歩するためには，楕円や双曲線に帰着される積分のすべてを，周知の一困難へと帰着させていかなければならないのだとルジャンドルは言っていました．ここではとりあえず「周知の一困難」という訳語をあてましたが，原語は *un point de difficulté bien connu* です．*bien connnu* は「よく知られている」という意味の形容句ですので，ここには別段，問題はありませんが，*un point de difficulté* を「ひとつの困難」と訳出するのはあまりよくないと思います．どうも訳しにくいのです．*point de depart* でしたら「出発点」がぴったりですし，これにならうなら「困難点」とでもなりそうですが，変な日本語になってしまいます．

ルジャンドルが言いたいことを忖度しますと，さまざまな困難がそこに集約されていくような「困難のポイント」が存在し，その一点さえ突破すれば新たな地平が開かれていくのだというほどのことであろうと思われます．次に引く一文に，そのあたりの消息が現われています．

　この道筋を通って積分される諸式はおびただしい数にのぼる．だが，それらの結果を連結するものは存在せず，ひとつの理論が形成されるにはほど遠い状態であった．

　ひとりのきわめて聡明なイタリアの幾何学者が，深遠な思

索へと向かう道を切り開いた．彼は，与えられたあらゆる楕円上に，もしくはあらゆる双曲線上に，その差がある代数的な量に等しくなるような二つの弧を無限に多くの仕方で指定することができることを示した．同時に，レムニスケートは，そのさまざまな弧を，たとえそれらの弧の各々が高位の「超越的なもの」であるとしても，円弧と同様に代数的に倍加したり分割したりできるという，特異な性質を備えていることを明らかにした．

ここで語られているイタリアの幾何学者とはファニャノのことです．

ファニャノからオイラーへ

ファニャノに続いてオイラーの名が語られます．

オイラーは，際立った幸運とみなされる天の配剤により，もっともこのような偶然は偶然をあらしめる力のある者にしか訪れないのではあるが，類似の形をもつ分離した2項から成る微分方程式の完全代数的積分をみいだした．それらの2項の各々は円錐曲線の弧を用いるほかに積分の手だてのないものである．

オイラーはここで言及されている形の微分方程式の積分を求めようとして壁にぶつかっていたのですが，そのときファニャノから数学論文集が送られてきました．オイラーはそこに困難を乗り越えるヒントを発見したのですが，この数学史上に名高いエピソードについては，すでに紹介した通りです．ファニャノに触発されたオイラーは2篇の論文を書き，それが今日の楕円関数論の源

泉になりました．

オイラーはこの重要な発見に誘われて，オイラー以前には見られなかったような非常に一般的な仕方で，同じ楕円の弧や同じ双曲線の弧ばかりではなく，一般に式 $\int \dfrac{Pdx}{R}$ に含まれるあらゆる「超越的なもの」を比較しました．ここで，P は x の有理関数，R は，$\alpha, \beta, \gamma, \delta, \epsilon$ は定量として，$\sqrt{\alpha+\beta x+\gamma x^2+\delta x^3+\epsilon x^4}$ という形の冪根です．

楕円や双曲線の弧は $\int \dfrac{Pdx}{R}$ という形の表示式に包摂されますが，一般的な視点に立脚してこのような形の式を考察すると，曲線とは無関係な「超越的なもの」が出現します．曲線とは無関係に微分方程式が書き下されて，しかもその積分を見つけることができることをオイラーは示しました．無限解析が「曲線の理論」を離れていこうとする具体的な契機がここにあります．

> オイラーによって見いだされた積分はあまりにもめざましかったので，特別に幾何学者たちの注意を引かずにはおかなかった．ラグランジュはこの積分を解析学の通常の手順の中に取り込もうと欲し，きわめて巧妙な方法により，これに成功した．その方法の適用は下位の「超越的なもの」から「オイラーの「超越的なもの」へと，だんだんと高まっていく．だが，ラグランジュはオイラーの結果よりも一般的な結果に到達しようと試みたものの，うまくいかなかった．

ルジャンドルの歴史的回想は，このあたりから次第に佳境に入っていきます．

ランデン変換

 ここでイギリスの数学者ランデンが登場します．次に引くのは「ランデン変換」の由来を語るルジャンドルの言葉です．

> 少し後に，イギリスの幾何学者ランデンは，双曲線の弧はどれも，楕円の二つの弧を用いて測定可能であることを示した．それまでのところでは2種類の曲線（註．楕円と双曲線）の弧を用いてしか表すことのできなかったあらゆる積分を，楕円の弧のみに帰着させるという記念すべき発見である．

 楕円関数論には「ランデン変換」という有名な変換が存在し，楕円積分の数値計算に利用されたりしますが，ランデン変換というものがどうして案出されたのか，その根源をルジャンドルは簡潔に言い表しています．脚註を見ると，ランデンの論文が公表されたのは1780年ということですが，この時点でもランデンは依然として「曲線の世界」に生きていた様子がうかがわれます．

> 最後に，ラグランジュはその生涯において再び脚光を浴びた．ラグランジュは，次々と変換を繰り返して積分 $\int \frac{Pdx}{R}$ を，類似の形ではあるが，係数の配置状況により近似計算が容易になるものに帰着させるための一般的な方法を与えたのである．これらの変換には二つのねらいがあった．ひとつは，同じ規則で作られる「超越的なもの」の系列の比較に用いることである．もうひとつのねらいは，それらの関数（註．「関数」という言葉が使われています）が受け入れる最速の近似を実現することである．

ラグランジュが実行したことは，ランデン変換の意味としてよく語られることに合致しています．ランデンは楕円積分の近似計算をめざしたのではないと思いますが，ランデンが発見した変換を繰り返していくとモジュールが小さくなっていきますので，そこに着目することにより楕円積分の近似計算が可能になりそうです．ラグランジュはランデンを見て，そこに近似計算の可能性をみいだしたのかもしれないという推定が成り立ちそうです．

ラグランジュの論文は 1784/85 年の「トリノ新論文集」第 2 巻に掲載されました．

曲線の弧長積分を，適当な変数変換により楕円と双曲線の弧長積分に変換することができたなら，そのとき与えられた曲線は測定可能と見ることにします．そのようにすると測定可能な曲線の範疇は大きく広がりますが，無限解析の草創期にはそんな試みがさまざまになされていたように思います．ランデンが発見した「ランデン変換」もこの思索の流れの中から生まれました．第 1 種楕円積分にランデン変換を施すとモジュールが小さくなりますから，繰り返して適用すると小さくなる一方です．そんな性質に着目すると第 1 種楕円積分の数値の近似計算に利用することができるのですが，本来のランデンの意図がそこにあったわけではありません．

ランデンが発見したのは，「双曲線の弧はどれも，楕円の二つの弧を用いて測定可能である」という事実で，これなら意味合いはよくわかります．なぜなら，これによって，楕円と双曲線の弧を用いて測定可能な曲線の弧については，双曲線は不要で，楕円のみを用いれば測定可能であることが明らかになるからです．ランデン変換が近似計算に利用できるというのも有力な事実ですが，それはそれ自体がひとつの発見というべきものであり，これを指摘したのはおそらくラグランジュであろうと思われます．数学のことです

から解釈は自由ですが，数学的事実が生まれたわけを理解するには，一番はじめに発見した人に聞いてみるほかはありません．

ルジャンドルのいう「超越的なもの」とは何かということも論点になりえます．「超越的なもの」の世界にはさまざまな位数があるということもまた意味合いを正しく理解したいところです．「位数」というのはあまりよい訳語ではないかもしれませんが，これを要するに「超越的なもの」にもいろいろあって，「一番程度の低い超越性」を備えているのはたぶん円の弧長積分で，その次が楕円と双曲線の弧長積分です．そのまた次は何かというと，実はもうはっきりしなくなってしまうのですが，多種多様な超越性がありうることははっきりと認識されていて，それらを秩序立てて並べてみようとする意志は確かにあったと思います．このあたりの消息の解明は重要な論点です．また，ルジャンドルは「超越的なもの」ののうち，「楕円的なもの」を指して特に「楕円関数」と呼んでいるのですが，こんなところに突然，「関数」の一語が登場するのはやはり奇妙で，それなりのわけがありそうです．ここも重要な論点です．

無限解析は「曲線の理解」の意図をもって始まりましたが，オイラーにいたって曲線を離れようとする徴候がはっきりと現われます．オイラーもまた「変化量とその微分」の世界に生きていたのはまちがいありませんが，変化量の把握の仕方といい，積分のとらえ方といい，オイラーの無限解析は曲線とは無関係の場所に構築されています．その場所に立脚すれば曲線の世界を制御することができますが，そればかりか適用範囲ははるかに広い世界へと開かれていきます．オイラーはどうしてそんなことを考えるようになったのかと問えば，無限解析の形成史における最大の問題が浮上します．楕円関数論の歴史は無限解析のはじまりのころに立ち返らないと理解できません．

最後にルジャンドルの論文を挙げておきます．

「楕円の弧を用いる積分について」(1786 年)

「楕円の弧を用いる積分について　第 2 論文」(1786 年)

「楕円的な「超越物」について」(1793 年)

楕円の無限系列

「楕円的な超越物」の原語は *transcendantes elliptiques* で，ここにはまだ「楕円関数」という言葉は見られません．

ランデン変換の発見までの回想を踏まえ，ルジャンドルは自分の研究成果を語り始めます．

> 私が楕円の弧を用いる積分に関する研究を公表したとき，$\int \frac{Pdx}{R}$ で表される「超越的なもの」の理論における幾何学者たちの主立った発見のあれこれは，このようなものであった．
> (註．「楕円の弧を用いる積分について」と「楕円の弧を用いる積分について　第 2 論文」を指しています．同じ標題の論文が 2 篇ですが，執筆の経緯についてはこれから語られていきます)．
>
> 第 1 部は，ランデンの定理を知る前に執筆された．ここには，楕円の弧の利用に関する新しい所見，特に，積分計算において，適切に作成された楕円の弧の表を用いて補うことにより，双曲線の弧の使用を避ける手法が含まれている．

双曲線を使わずに楕円だけを用いて積分計算を遂行するというアイデアを，ランデンとは独立にすでにもっていたことが主張されています．これはこれで本当であろうと思います．

> 次に (註．ここから第 2 論文の説明に移行します)，私はラ

ンデンの定理の新しい証明を与えた．そうしてそれと同じ方法により，与えられた楕円はどれもみな，相互に連結する楕円の無限系列の一部であることを示した．楕円の無限系列の相互関連の様子は次の通り．すなわち，これらの楕円のうちから任意に取られた二つの楕円の弧長測定を行うことにより，他のすべての楕円の弧長測定が得られる．

　文言がややわかりにくいのですが，どことなくランデン変換のようなものという感じがあります．ひとまず原文の通りに訳出してみましたが，この不思議な命題によれば，あらゆる楕円は，ある特定の性質を備えた楕円の無限系列に配分されるというのですが，問題はその系列に対して要請される性質です．その系列に所属する楕円を任意に二つ取り出しとき，同じ系列に所属する他の楕円の弧長の測定は，取り出された二つの楕円の弧長の測定に帰着されるというのが，ルジャンドルが要請した性質です．

　「楕円の無限系列」に関連してルジャンドルの言葉が続きます．

これらの楕円はみな長さ1の共通の半長軸をもち，それらの離心率は周知の規則に従って0から1にいたるまで変化する．そこで，この定理により，ある与えられた楕円の弧長測定を，円との相違が望むだけわずかな範囲に留まる二つの楕円の弧長測定に帰着させることができる．これは，ある困難な領域へと分け入るさらなる一歩であった．

　少し前のところで楕円さえあれば双曲線は不要になるということが主張されましたが，今度は楕円の弧長測定は，限りなく（半径1の）円に近接する二つの楕円の弧長測定に帰着されると語られました．これらをすべて合わせると，楕円と双曲線の弧に帰着

される積分は，実は，少なくとも近似的に見る限り円の弧長測定に帰着されてしまうということになります．積分の取る数値の近似計算を追い求めるという視点から見れば何となくおもしろい感じがしますが，「超越的なもの」の作る世界を解明するという立場から見ると，なんだか後ろ向きの印象があります．

未知の世界に分け入っていくのではなく，既知の諸事実に還元させていこうとする姿勢が見られるのですが，こういうところはアーベルやヤコビと比べてはっきりと異なっています．

ある積分が他の積分に「帰着される」ということがしばしば語られましたが，これは「適当な変数変換により未知の積分が既知の積分に変換される」ということを意味していますから，「変換理論」は無限解析の草創期にすでに芽生えていたことがわかります．積分に変数変換を施して変形することでしたら，今日の微積分でも定積分の計算などの場で普通に行われていますが，変数変換を行ったら計算ができたというだけではまだ「理論」というほどのものではありません．ですが，たとえばレムニスケート積分のようなものを考えると状況は一変し，変数変換を工夫してもレムニスケート積分の数値が計算できるようになるわけではありません．ここに「理論」めいたものが発生する契機があります．

これまでに何度も引用したことのあるファニャノの言葉が，ここでもまた念頭に浮かびます．ファニャノによると，ベルヌーイ兄弟はイソクロナ・パラケントリカ（側心等時曲線）の作図をレムニスケート曲線の作図に帰着させることに成功し，これによってレムニスケート曲線が有名になったということでした．そこでファニャノはなお一歩を進め，レムニスケート曲線の弧長測定を楕円と双曲線の弧長測定に帰着させようとして成功しました．ここにはルジャンドルが語っていた通りの情景がそのまま出現しています．楕円と双曲線が果す役割はルジャンドルの指摘の通りで

すし，ルジャンドルはベルヌーイ兄弟とファニャノの成功をそのまま報告したのであろうと思われます．

ベルヌーイ兄弟とファニャノが発見した変数変換ほどになると，もう単純な計算問題とは言えず，「理論」の名に値するものの入り口という感じがあります．ルジャンドルはファニャノを踏まえてなお一歩を進め，楕円と双曲線のうち双曲線は不要であること，楕円の代用として円を採用することができることを示そうとしたこともわかりますし，これでルジャンドルの数学的意図は明確になりました．ただし，ルジャンドルがしたことは積分の近似計算に関連するとしても，変換理論とは言えません．

「楕円的」とは何か

楕円関数，すなわち「楕円的な関数」の「関数」についてはひとまずここまでのところでよいとして，次は「楕円的」の番ですが，ルジャンドルは積分式 $\int \frac{Pdx}{R}$ を呼ぶのにどうしてこのような形容句を選んだのでしょうか．楕円の弧長を表す積分は楕円的ですが，双曲線の弧長積分もまた楕円的です．何よりもレムニスケート曲線の弧長積分は楕円的です．それなら「双曲積分」でも「レムニスケート積分」でもよさそうに思えるところですが，そうはなりませんでした．「レムニスケート積分」という呼称はレムニスケート曲線の弧長積分のためのみに使われています．

「楕円的」と呼ぶのはなぜかという疑問は以前からあり，何となくあいまいにしてきたのですが，ルジャンドルの言葉に教えられて諸事情が判明したように思います．イソクロナ・パラケントリカ（側心等時曲線）の作図はレムニスケート曲線の作図に帰着され（ベルヌーイ兄弟），レムニスケート曲線の弧長測定は楕円の弧長

測定に帰着され（ファニャノ），双曲線の弧長測定は楕円の弧長測定に帰着されました（ランデン）．ここまでの状勢を受けて，ルジャンドルは「楕円的な超越物」もしくは「楕円的な関数」という呼称を提案したのですから，ルジャンドルの心情は手にとるようにわかります．なぜなら，この一系の変換理論の系譜において，楕円は最後の帰着点に位置しているからです．ちなみに，円錐曲線のうち，放物線の弧長積分は楕円的ではありません．

　これでルジャンドルのいう「楕円関数」という言葉の意味が確定しましたが，あらためて思うのは，楕円関数論形成史の初期において登場人物はごくわずかであるという一事です．ライプニッツ，ベルヌーイ兄弟，ファニャノ，オイラー，ラグランジュ，ランデン，それにルジャンドル．これだけ並べればもう尽くされてしまいます．

第7章
ルジャンドルの楕円関数と
アーベルの逆関数

ルジャンドルの楕円関数

　これまでのところでルジャンドルの『積分演習』全3巻の概要がわかりましたが，まだ一瞥したという程度に留まっていますので，本当はもっとていねいに訳読したいところです．楕円関数論をテーマとするルジャンドルの著作は『積分演習』に留まらず，続きがあります．それは『楕円関数とオイラー積分概論』という作品で，『積分演習』と同じくやはり全3巻で編成されています．第1巻は1825年，第2巻は1826年，第3巻は1828年に刊行されました．

　ルジャンドルの楕円関数論の紹介はこのあたりでやめますが，「楕円関数」という言葉を提案したのはルジャンドルであることに，くれぐれも注意を喚起しておきたいと思います．ガウス，アーベル，ヤコビに比べると，ルジャンドルの楕円関数論はどうも影が薄いという感じがありますが，オイラーの数学を後世に伝える役割を果したのはまちがいなく，それ自体の功績をたたえるべきなのかもしれません．ルジャンドルの前にそびえていたのはオイラーという巨大な山嶽で，ラグランジュとランデンの変換理論がこれに続き，山脈を作っていました．ルジャンドルはこの山脈の観察を通じて，楕円関数と呼ばれる関数の一般形を提案し，

それらを適当な変数変換により3種類の基本型に帰着させることに成功しました．ルジャンドルがこの領域においてなしえたあれこれの中でもっとも際立っていることで，アーベルとヤコビをはじめ，19世紀の楕円関数論の土台になりました．こんなふうに「見通しをよくして将来に続く道を開く」ことはルジャンドルの特異な能力で，一段と際立っています．

ルジャンドルが設定した楕円関数の一般形はアーベルも「楕円関数研究」の冒頭で紹介していましたが，

$$\int \frac{R dx}{\sqrt{\alpha + \beta x + \gamma + x^2 + \delta x^3 + \varepsilon x^4}}$$

という形の積分です．ここで，R は有理関数を表し，$\alpha, \beta, \gamma, \delta, \varepsilon$ は実定量を表しています．また，3種類の基本形は下記の通りです．

$$\int \frac{d\theta}{\sqrt{1 - c^2 \sin^2 \theta}}, \quad \int \sqrt{1 - c^2 \sin^2 \theta}\, d\theta,$$
$$\int \frac{d\theta}{(1 + n \sin^2 \theta)\sqrt{1 - c^2 \sin^2 \theta}}$$

これらの楕円関数はそれぞれ第1種，第2種，第3種の楕円関数と呼ばれています．

第1種逆関数

ルジャンドルの語法にならって「楕円関数」と書きましたが，見ての通り，今日の語法では楕円積分そのものです．ルジャンドルははじめ「楕円的超越物」と呼んでいたのですが，次第に構想があらたまったようで，「楕円関数」という呼称を提案し，特別の探究を試みるようになりました．アーベルもこれを継承していますので，アーベルの論文「楕円関数研究」の表題に見られる「楕円関数」の一語の指し示すものの実体は今日の楕円積分そのもの

であり，後述する「楕円積分の逆関数」ではありません．これもついうっかりしがちな事実です．ここではアーベルが採用したルジャンドルの語法に追随し，今日の楕円積分のことを楕円関数と呼ぶことにします．

アーベルは論文「楕円関数研究」の序文においてルジャンドルのいう第 1 種楕円関数

$$\alpha = \int \frac{d\theta}{\sqrt{1-c^2\sin^2\theta}}$$

を取り上げて，等式

$$\sin\theta = \varphi\alpha = x$$

によって定められる関数 $\varphi\alpha$ を考察すると宣言しました．これがアーベルの楕円関数論の出発点です．等式 $\sin\theta = \varphi\alpha = x$ の微分を作ると，$\cos\theta d\theta = d(\varphi\alpha) = dx$ となりますが，$\cos\theta = \sqrt{1-\sin^2\theta} = \sqrt{1-x^2}$ ですから，二つの微分 $d\theta$ と dx を結ぶ等式

$$d\theta = \frac{dx}{\sqrt{1-x^2}}$$

が得られます．これで，第 1 種楕円関数の形が変り，

$$\alpha = \int_0^x \frac{dx}{\sqrt{(1-x^2)(1-c^2x^2)}}$$

という形になりました．

関数 $\varphi\alpha$ は第 1 種楕円関数の逆関数として導入されましたが，少し後にヤコビがこの逆関数そのものを指して「楕円関数」と呼ぶことを提案し，今日までその流儀が継承されています．アーベル自身はどうかというと，「楕円関数研究」には特定の呼称は見られません．「楕円関数研究」の前半が「クレルレの数学誌」に掲載されたのは 1827 年ですが，その翌年の 1828 年 11 月 25 日付でルジャンドルに宛てた手紙を参照すると，アーベルはこの逆関数を「第 1 種逆関数」と呼んでいます．第 1 種楕円関数の逆関数が

第1種逆関数というのですから，とりあえずそんなふうに呼んでみたというだけのことで，特別の名前をつけたという感じはありません．

ちなみに，ルジャンドルが楕円関数と命名した3種類の積分を「楕円積分」と呼ぶことを提案したのもヤコビで，ヤコビの著作『楕円関数論の新しい基礎』(1829年)に記されています．この提案も支持されて定着し，第1種楕円積分の逆関数を楕円関数と呼ぶという，今日の用語法が確立しました．

アーベルが逆関数そのものに特別の名前をつけなかったという事実は案外重要で，アーベルの関心はあくまでもルジャンドルのいう楕円関数，すなわち今日の楕円積分に注がれていたことをはっきりと示しています．「楕円関数研究」という論文のタイトルの通りで，楕円積分の探究のために逆関数を利用するというところに，アーベルのアイデアの真意がありました．

三つの関数 $\varphi\alpha, f\alpha, F\alpha$

ルジャンドルのいう第1種楕円関数から出発したアーベルは，まず変数変換 $x = \sin\theta$ を行なって，これを

$$\alpha = \int_0^x \frac{dx}{\sqrt{(1-x^2)(1-c^2x^2)}}$$

という形に変えました．ここで，c は**モジュール**と呼ばれる定数(ヤコビはそう呼んでいますが，アーベルには特別の呼称はありません)ですが，ルジャンドルの分類では c^2 は正とされていました．ところがアーベルは「c^2 は負とすればいろいろな公式の形がいっそう簡明になる」というところに着目し，これを $-e^2$ と等置しました．また，形の対称性が増すようにというねらいをもって，$1-x^2$ の代りに $1-c^2x^2$ と書くことにしました．これで，

二つの変化量 α と x は

$$\alpha = \int_0^x \frac{dx}{\sqrt{(1-c^2x^2)(1+e^2x^2)}}$$

という等式で結ばれることになりました．e と c は正の定量です．

この等式は積分を通じて記述されていますが，微分を作ると，

$$d\alpha = \frac{dx}{\sqrt{(1-c^2x^2)(1+e^2x^2)}}$$

という形になります．ところが $x = \varphi\alpha$ と表記したのですから，

$$\frac{dx}{d\alpha} = \varphi'\alpha = \sqrt{(1-c^2\varphi^2\alpha)(1+e^2\varphi^2\alpha)}$$

となります．

アーベルはなるべく計算の見通しがよくなるようにという考えでこんなふうに形を整えたのですが，ここでさらに二つの関数

$$f\alpha = \sqrt{1-c^2\varphi^2\alpha}, \quad F\alpha = \sqrt{1+e^2\varphi^2\alpha}$$

を導入しました．これで楕円関数を研究するために容易された関数は三つになりました．

関数 $\varphi\alpha, f\alpha, F\alpha$ の定義域の拡張

本来のテーマに進む前に，諸状勢の整備が続きます．二つの変化量 α と x は

$$\alpha = \int_0^x \frac{dx}{\sqrt{(1-c^2x^2)(1+e^2x^2)}}$$

という関係で結ばれていますが，この等式を通じて α を x の関数と考えると，x が 0 と $\dfrac{1}{c}$ までの間で変化するとき，α は正の値を取ります．そこで，

$$\frac{\omega}{2} = \int_0^{\frac{1}{c}} \frac{dx}{\sqrt{(1-c^2x^2)(1+e^2x^2)}}$$

と置いて定量 $\frac{\omega}{2}$ を定めると,関数 $\varphi\alpha$ は α が $\alpha=0$ から $\alpha=\frac{\omega}{2}$ まで変化するとき,つねに正であり,しかも $\varphi(0)=0$ から $\varphi\left(\frac{\omega}{2}\right)=\frac{1}{c}$ まで単調に増大を続けます.

変化量 x の符号を変えて $-x$ に置き換えると,楕円関数の符号が変り,等式

$$\int_0^{-x} \frac{dx}{\sqrt{(1-c^2x^2)(1+e^2x^2)}}$$
$$=-\int_0^x \frac{dx}{\sqrt{(1-c^2x^2)(1+e^2x^2)}}=-\alpha$$

が成立します.それゆえ,等式

$$\varphi(-\alpha)=-x=-\varphi\alpha$$

が得られます.これで関数 $\varphi\alpha$ が意味をもちうる変化量の変域,すなわち定義域が負の方向に延びて,$-\frac{\omega}{2}$ から $\frac{\omega}{2}$ の範囲に拡大されました.

次に,変化量の変域を虚数域まで広げることをめざします.楕円関数

$$\alpha=\int_0^x \frac{dx}{\sqrt{(1-c^2x^2)(1+e^2x^2)}}$$

の右辺の積分を虚数軸に沿って 0 から xi ($i=\sqrt{-1}$) まで遂行し,変数変換を行なうと,等式

$$\int_0^{xi} \frac{dx}{\sqrt{(1-c^2x^2)(1+e^2x^2)}} = i\int_0^x \frac{dx}{\sqrt{(1+c^2x^2)(1-e^2x^2)}}$$

が得られますが,これはこの積分が純虚数値をもつことを示しています.そこでその値を βi で表すと,

$$xi=\varphi(\beta i),\ \beta=\int_0^x \frac{dx}{\sqrt{(1+c^2x^2)(1-e^2x^2)}}$$

となります．ここで新たに導入された変化量 β は，x が $x=0$ から $x=\dfrac{1}{e}$ まで増大するとき，つねに正の実数値を取ります．そこで，

$$\frac{\varpi}{2} = \int_0^{\frac{1}{e}} \frac{dx}{\sqrt{(1-e^2x^2)(1+c^2x^2)}}$$

と置くと，等式 $xi = \varphi(\beta i)$ において，x は β が 0 から $\dfrac{\varpi}{2}$ まで増大していくとき，x は正の値を取ることがわかります．これでまた関数 $\varphi\alpha$ の定義域が広がりました．

ここまでのところでは βi において β は 0 から $\dfrac{\varpi}{2}$ までの正の値ですが，前と同様の手順を踏んで定義域を虚軸の負の方向に延ばしていくことができます．これで，関数 $\varphi\alpha$ の定義域は，$-\dfrac{\omega}{2}$ と $+\dfrac{\omega}{2}$ の間にはさまれている α のすべての実数値と，$-\dfrac{\varpi}{2}$ と $+\dfrac{\varpi}{2}$ の間にはさまれている β に対応するすべての純虚数値 βi に拡大されました．他の二つの関数 $f\alpha, F\alpha$ についても同様です．

逆関数の加法定理

アーベルは加法定理を利用して関数 $\varphi\alpha, f\alpha, F\alpha$ の定義域をさらに拡大しましたが，加法定理を書き下すのに先立って，三つの関数 $\varphi\alpha, f\alpha, F\alpha$ の基本的な諸性質を列挙しました．等式

$$f^2\alpha = 1 - c^2\varphi^2\alpha,$$
$$F^2\alpha = 1 + e^2\varphi^2\alpha$$

の微分を作ると，

$$f\alpha \cdot f'\alpha = -c^2\varphi\alpha \cdot \varphi'\alpha,$$
$$F\alpha \cdot F'\alpha = e^2\varphi\alpha \cdot \varphi'\alpha$$

となりますが,ここで
$$\varphi'\alpha = \sqrt{(1-c^2\varphi^2\alpha)(1+e^2\varphi^2\alpha)} = f\alpha \cdot F\alpha$$
を代入すると,等式
$$f'\alpha = -c^2\varphi\alpha \cdot F\alpha,$$
$$F'\alpha = e^2\varphi\alpha \cdot f\alpha$$

が得られます.これで,三つの関数 $\varphi\alpha, f\alpha, F\alpha$ の相互関係が明らかになりました.

関数 $\varphi\alpha, f\alpha, F\alpha$ の加法定理は次のように書き表されます.

$$\varphi(\alpha+\beta) = \frac{\varphi\alpha \cdot f\beta \cdot F\beta + \varphi\beta \cdot f\alpha \cdot F\alpha}{1+e^2c^2\varphi^2\alpha \cdot \varphi^2\beta}$$

$$f(\alpha+\beta) = \frac{f\alpha \cdot f\beta - c^2\varphi\alpha \cdot \varphi\beta \cdot F\alpha \cdot F\beta}{1+e^2c^2\varphi^2\alpha \cdot \varphi^2\beta}$$

$$F(\alpha+\beta) = \frac{F\alpha \cdot F\beta + e^2\varphi\alpha \cdot \varphi\beta \cdot f\alpha \cdot f\beta}{1+e^2c^2\varphi^2\alpha \cdot \varphi^2\beta}$$

ルジャンドルのいう楕円関数,すなわち今日の用語での楕円積分の加法定理の原型を発見したのはオイラーですが,いっそう一般的な楕円関数の加法定理はルジャンドルも知っていて,『積分計算演習』に記されています.アーベルはもとよりそれを承知していましたが,アーベルは独自の証明を書き添えました.おもしろい証明ですのでここに紹介したいのですが,加法定理そのものはアーベルより前の時代に知られていたものですので証明は省略して,この定理から導かれるいろいろな公式をアーベルとともに列記したいと思います.この加法定理により,関数 $\varphi\alpha, f\alpha, F\alpha$ の定義域は複素平面全体に広がります.

いろいろな公式

　三角関数の場合と同様，楕円関数の場合にも加法定理からいろいろな公式が派生します．簡明に表記するために，
$$1+e^2c^2\varphi^2\alpha\cdot\varphi^2\beta = R$$
と置きます．次に挙げる等式は「和を積に直す公式」です．

$$\varphi(\alpha+\beta)+\varphi(\alpha-\beta) = \frac{2\varphi\alpha\cdot f\beta\cdot F\beta}{R}$$

$$\varphi(\alpha+\beta)-\varphi(\alpha-\beta) = \frac{2\varphi\beta\cdot f\alpha\cdot F\alpha}{R}$$

$$f(\alpha+\beta)+f(\alpha-\beta) = \frac{2f\alpha\cdot f\beta}{R}$$

$$f(\alpha+\beta)-f(\alpha-\beta) = \frac{-2c^2\varphi\alpha\cdot\varphi\beta\cdot F\alpha\cdot F\beta}{R}$$

$$F(\alpha+\beta)+F(\alpha-\beta) = \frac{2F\alpha\cdot F\beta}{R}$$

$$F(\alpha+\beta)-F(\alpha-\beta) = \frac{2e^2\varphi\alpha\cdot\varphi\beta\cdot f\alpha\cdot f\beta}{R}$$

　次に，$\varphi(\alpha+\beta)$ と $\varphi(\alpha-\beta)$ の積を作ると，

$$\varphi(\alpha+\beta)\cdot\varphi(\alpha-\beta) = \frac{\varphi\alpha\cdot f\beta\cdot F\beta + \varphi\beta\cdot f\alpha\cdot F\alpha}{R}$$
$$\times \frac{\varphi\alpha\cdot f\beta\cdot F\beta - \varphi\beta\cdot f\alpha\cdot F\alpha}{R}$$
$$= \frac{\varphi^2\alpha\cdot f^2\beta\cdot F^2\beta - \varphi^2\beta\cdot f^2\alpha\cdot F^2\alpha}{R^2}$$

となりますが，$f^2\alpha$, $F^2\alpha$, $f^2\beta$, $F^2\beta$ の値を $\varphi\alpha$, $\varphi\beta$ で表示してさらに計算を進めると，

$$\varphi(\alpha+\beta)\cdot\varphi(\alpha-\beta)$$
$$=\frac{\varphi^2\alpha-\varphi^2\beta-e^2c^2\varphi^2\alpha\cdot\varphi^4\beta+e^2c^2\varphi^2\beta\cdot\varphi^4\alpha}{R^2}$$
$$=\frac{(\varphi^2\alpha-\varphi^2\beta)(1+e^2c^2\varphi^2\alpha\cdot\varphi^2\beta)}{R^2}$$
$$=\frac{\varphi^2\alpha-\varphi^2\beta}{R}$$

というきれいな形になります．これは「積を和に直す公式」です．

　他の二つの関数についても同様の計算が進行し，次のような等式が得られます．

$$f(\alpha+\beta)\cdot f(\alpha-\beta)$$
$$=\frac{f^2\alpha-c^2\varphi^2\beta\cdot F^2\alpha}{R}$$
$$=\frac{f^2\beta-c^2\varphi^2\alpha\cdot F^2\beta}{R}$$
$$=\frac{1-c^2\varphi^2\alpha-c^2\varphi^2\beta-c^2e^2\varphi^2\alpha\cdot\varphi^2\beta}{R}$$
$$=\frac{f^2\alpha\cdot f^2\beta-c^2(c^2+e^2)\varphi^2\alpha\cdot\varphi^2\beta}{R}$$

$$F(\alpha+\beta)\cdot F(\alpha-\beta)$$
$$=\frac{F^2\alpha+e^2\varphi^2\beta\cdot f^2\alpha}{R}$$
$$=\frac{F^2\beta+e^2\varphi^2\alpha\cdot f^2\beta}{R}$$
$$=\frac{1+e^2\varphi^2\alpha+e^2\varphi^2\beta-e^2c^2\varphi^2\alpha\cdot\varphi^2\beta}{R}$$
$$=\frac{F^2\alpha\cdot F^2\beta-e^2(c^2+e^2)\varphi^2\alpha\cdot\varphi^2\beta}{R}$$

三つの関数の極

前述の等式

$$\frac{\varpi}{2} = \int_0^{\frac{1}{e}} \frac{dx}{\sqrt{(1-e^2x^2)(1+c^2x^2)}}$$

を見ると，$\beta = \frac{\varpi}{2}$ のとき $x = \frac{1}{e}$ となることがわかります．それゆえ，等式 $xi = \varphi(\beta i)$ により，

$$\varphi\left(\frac{\varpi i}{2}\right) = i \cdot \frac{1}{e}$$

という等式が得られます．この等式を基礎にして，三つの関数 $\varphi\alpha, f\alpha, F\alpha$ の極，すなわち「その値が無限大になる点」の位置がわかります．そのためにいくつかの公式を準備します．

加法定理において $\beta = \pm\frac{\omega}{2}$, $\beta = \pm\frac{\varpi i}{2}$ と置くのですが，その際，$f\left(\pm\frac{\omega}{2}\right) = 0$, $F\left(\pm\frac{\varpi i}{2}\right) = 0$ となることに留意すると，次に挙げる諸公式が得られます．

$$\varphi\left(\alpha \pm \frac{\omega}{2}\right) = \pm\varphi\left(\frac{\omega}{2}\right) \cdot \frac{f\alpha}{F\alpha} = \pm\frac{1}{c}\frac{f\alpha}{F\alpha}$$

$$f\left(\alpha \pm \frac{\omega}{2}\right) = \mp\frac{F(\frac{\omega}{2})}{\varphi(\frac{\omega}{2})} \cdot \frac{\varphi\alpha}{F\alpha} = \mp\sqrt{e^2+c^2} \cdot \frac{\varphi\alpha}{F\alpha}$$

$$F\left(\alpha \pm \frac{\omega}{2}\right) = \frac{F(\frac{\omega}{2})}{F\alpha} = \frac{\sqrt{e^2+c^2}}{c}\frac{1}{F\alpha}$$

$$\varphi\left(\alpha \pm \frac{\varpi}{2}i\right) = \pm\varphi\left(\frac{\varpi}{2}i\right) \cdot \frac{F\alpha}{f\alpha} = \pm\frac{i}{e}\frac{F\alpha}{f\alpha}$$

$$F\left(\alpha \pm \frac{\varpi}{2}i\right) = \mp\frac{f(\frac{\varpi}{2}i)}{\varphi(\frac{\varpi}{2}i)} \cdot \frac{\varphi\alpha}{f\alpha} = \pm i\sqrt{e^2+c^2}\frac{\varphi\alpha}{f\alpha}$$

$$f\left(\alpha \pm \frac{\varpi}{2}i\right) = \frac{f(\frac{\varpi}{2}i)}{f\alpha} = \frac{\sqrt{e^2+c^2}}{e}\frac{1}{f\alpha}$$

これらの公式から下記の諸公式が導かれます．

$$\varphi\left(\frac{\omega}{2}+\alpha\right)=\varphi\left(\frac{\omega}{2}-\alpha\right), \quad f\left(\frac{\omega}{2}+\alpha\right)=-f\left(\frac{\omega}{2}-\alpha\right),$$

$$F\left(\frac{\omega}{2}+\alpha\right)=F\left(\frac{\omega}{2}-\alpha\right)$$

$$\varphi\left(\frac{\varpi}{2}i+\alpha\right)=\varphi\left(\frac{\varpi}{2}i-\alpha\right), \quad F\left(\frac{\varpi}{2}i+\alpha\right)=-F\left(\frac{\varpi}{2}i-\alpha\right),$$

$$f\left(\frac{\varpi}{2}i+\alpha\right)=f\left(\frac{\varpi}{2}i-\alpha\right)$$

$$\varphi\left(\alpha\pm\frac{\omega}{2}\right)\varphi\left(\alpha+\frac{\tilde{\omega}}{2}i\right)=\pm\frac{i}{ce}, \quad F\left(\alpha\pm\frac{\omega}{2}\right)F\alpha=\frac{\sqrt{e^2+c^2}}{c},$$

$$f\left(\alpha\pm\frac{\varpi}{2}i\right)f\alpha=\frac{\sqrt{e^2+c^2}}{e}$$

等式 $\varphi\left(\alpha-\frac{\omega}{2}\right)\varphi\left(\alpha+\frac{\varpi}{2}i\right)=-\frac{i}{ce}$ において $\alpha=\frac{\omega}{2}$ と置くと，$\varphi(0)\varphi\left(\frac{\omega}{2}+\frac{\varpi}{2}i\right)=-\frac{i}{ce}$ となります．ところが $\varphi(0)=0$ ですから，関数値 $\varphi\left(\frac{\omega}{2}+\frac{\varpi}{2}i\right)$ は有限ではありえません．アーベルはこれを

$$\varphi\left(\frac{\omega}{2}+\frac{\varpi}{2}i\right)=\frac{1}{0}$$

と書き表しました．同様に，等式 $f\left(\alpha+\frac{\varpi}{2}i\right)f\alpha=\frac{\sqrt{e^2+c^2}}{e}$ において $\alpha=\frac{\omega}{2}$ と置くと，$f\left(\frac{\omega}{2}+\frac{\varpi}{2}i\right)f\left(\frac{\omega}{2}\right)=\frac{\sqrt{e^2+c^2}}{e}$ となりますが，$f\left(\frac{\omega}{2}\right)=0$ ですから，$f\left(\frac{\omega}{2}+\frac{\varpi}{2}i\right)$ の値は有限値ではありえません．そこでアーベルはこれを

$$f\left(\frac{\omega}{2}+\frac{\varpi}{2}i\right)=\frac{1}{0}$$

と書き表しました．

最後にもうひとつ,等式 $F\left(\alpha+\dfrac{\omega}{2}\right)F\alpha = \dfrac{\sqrt{e^2+c^2}}{c}$ において $\alpha = \dfrac{\varpi}{2}i$ と置くと,$F\left(\dfrac{\omega}{2}+\dfrac{\varpi}{2}i\right)F\left(\dfrac{\varpi}{2}i\right) = \dfrac{\sqrt{e^2+c^2}}{c}$ となりますが,ここで $F\left(\dfrac{\tilde{\omega}}{2}i\right) = 0$ ですので,関数値 $F\left(\dfrac{\omega}{2}+\dfrac{\varpi}{2}i\right)$ はやはり有限ではありえません.この状況を

$$F\left(\frac{\omega}{2}+\frac{\varpi}{2}i\right) = \frac{1}{0},$$

と表記します.こうして得られた三つの等式は $\dfrac{\omega}{2}+\dfrac{\varpi}{2}i$ が三つの関数 $\varphi\alpha, f\alpha, F\alpha$ の極であることを示しています.

関数 $\varphi\alpha, f\alpha, F\alpha$ の周期性

前述の等式

$$\varphi\left(\frac{\omega}{2}+\alpha\right) = \varphi\left(\frac{\omega}{2}-\alpha\right),$$

$$f\left(\frac{\omega}{2}+\alpha\right) = -f\left(\frac{\omega}{2}-\alpha\right),$$

$$F\left(\frac{\omega}{2}+\alpha\right) = F\left(\frac{\omega}{2}-\alpha\right)$$

において α の代りに $\alpha+\dfrac{\omega}{2}$ を用いると,等式

$$\varphi(\alpha+\omega) = \varphi(-\alpha) = -\varphi\alpha,$$

$$f(\alpha+\omega) = -f(-\alpha) = -f\alpha,$$

$$F(\alpha+\omega) = F(-\alpha) = F\alpha$$

が得られます.また,これも前に示したものですが,等式

$$\varphi\Big(\frac{\varpi}{2}i+\alpha\Big)=\varphi\Big(\frac{\varpi}{2}i-\alpha\Big),$$
$$f\Big(\frac{\varpi}{2}i+\alpha\Big)=f\Big(\frac{\varpi}{2}i-\alpha\Big),$$
$$F\Big(\frac{\varpi}{2}i+\alpha\Big)=-F\Big(\frac{\varpi}{2}i-\alpha\Big)$$

において α の代りに $\alpha+\frac{\varpi}{2}i$ を用いると,等式

$$\varphi(\alpha+\varpi i)=\varphi(-\alpha)=-\varphi\alpha,$$
$$f(\alpha+\varpi i)=f(-\alpha)=f\alpha,$$
$$F(\alpha+\varpi i)=-F(-\alpha)=-F\alpha$$

が導かれます.

変化量の置き換えをさらに続けます.等式 $\varphi(\alpha+\omega)=-\varphi\alpha$ において,α の代りに $\alpha+\omega$ を用いると,等式

$$\varphi(2\omega+\alpha)=-\varphi(\alpha+\omega)=\varphi\alpha$$

が得られます.また,等式 $\varphi(\alpha+\varpi i)=-\alpha$ において α の代りに $\alpha+\varpi i$ を用いると,等式

$$\varphi(2\varpi i+\alpha)=-\varphi(\alpha+\varpi i)=\varphi\alpha$$

が得られます.同様に,今度は等式 $\varphi(\alpha+\omega)=-\varphi\alpha$ において α の代りに $\alpha+\varpi i$ を用いると,等式

$$\varphi(\omega+\varpi i+\alpha)=-\varphi(\alpha+\varpi i)=\varphi\alpha$$

が導かれます.

他の二つの関数 f, F については詳細は略しますが,変化量の置き換えを同様に行なうことにより,等式

$$f(2\omega+\alpha)=f\alpha,\ f(\varpi i+\alpha)=f\alpha$$
$$F(\omega+\alpha)=F\alpha,\ F(2\varpi i+\alpha)=F\alpha$$

が得られます.これらの等式は三つの関数 $\varphi\alpha, f\alpha, F\alpha$ の **2重周期性**を示しています.

第8章
楕円関数の等分方程式

定義域の拡大

　アーベルの楕円関数論の目標はどこまでもアーベルのいう楕円関数,すなわち今日の用語法でいう楕円積分で,アーベルはそれについて何事かを言うために三つの関数 $\varphi\alpha, f\alpha, F\alpha$ を利用しようとしています.三つの関数のうち,関数 φ は,今日の語法での第1種楕円積分の逆関数で,今日の数学で楕円関数と呼んでいるものの原型です.2重周期をもつところに本質を見ることにし,複素変数関数論の構築とも相俟って,今日では**2重周期をもつ有理型関数**のことを楕円関数と呼ぶ流儀が確定しています.「有理型関数」というのは複素変数関数論の基本概念で,「正則関数」の概念とともにこの理論の土台を作っていますが,アーベルやヤコビのころはまだようやくコーシーが複素積分の考察に取り組み始めたばかりの時期でした.今日のような複素変数関数論が構築されるには,コーシーのほかにもう二人,ヴァイエルシュトラスとリーマンを俟たなければなりませんでした.

　アーベルは複素変数関数論のないままにルジャンドルのいう第1種楕円関数(今日の第1種楕円積分)の逆関数 $\varphi\alpha$ から出発したのですが,そのためにその関数が意味をもちうる場所,すなわち定義域はおのずと限定され,当初は実軸上の正方向の有界閉区間 $\left[0, \dfrac{\omega}{2}\right]$ にすぎませんでした.それからさまざまに考察を

重ねて定義域の拡張を試みて、まず実軸上の負方向の有界閉区間 $\left[-\frac{\omega}{2}, 0\right]$ に広げ、それから虚軸上の有界閉区間 $\left[-\frac{\varpi}{2}i, \frac{\varpi}{2}\right]$ に広げ、さらに加法定理の力を借りて複素平面全体へと拡大しました。2重周期性もまた確立されました。

正則関数と有理型関数の関係は多項式と有理式の関係に似ています。前章までのところで、アーベルの逆関数には「逆関数の値が無限大になる点」が存在することが確認されましたが、これを複素変数関数論の言葉で言い換えると**極**をもつということで、有理型関数の基本的性質に通じます。そこでこの事実と2重周期性を定義として採用し、楕円関数を「複素平面全域上で定義され、2重周期をもつ有理型関数」と諒解することにしたのが、複素変数関数論の確立以降の流儀です。

三つの関数 $\varphi\alpha, f\alpha, F\alpha$ の極と零点

関数 $\varphi\alpha$ は複素平面上の点 $\frac{\omega}{2} + \frac{\varpi}{2}i$ において極をもつことはすでに見た通りですが、極は無数に存在します。アーベルは関数 φx の極を方程式

$$\varphi x = \frac{1}{0}$$

の根と表記して、すべての根は

$$x = \left(m + \frac{1}{2}\right)\omega + \left(n + \frac{1}{2}\right)\varpi i$$

であることを示しました。他の二つの関数 $f\alpha, F\alpha$ の極は φx の極と同じです。

零点についてはどうかというと、φx の零点、すなわち方程式

$$\varphi x = 0$$

の根のすべては、m, n は任意の整数として、

$$x = m\omega + n\varpi i$$

で表されます．同様に，関数 fx の零点，すなわち方程式

$$fx = 0$$

の根のすべては

$$x = \left(m+\frac{1}{2}\right)\omega + n\varpi i$$

で表されること，関数 Fx の零点，すなわち方程式

$$Fx = 0$$

の根のすべては

$$x = m\omega + \left(n+\frac{1}{2}\right)\varpi i$$

で表されることがわかります．

　関数を理解するうえで，アーベルは極と零点の位置を把握することを重く見ています．相当の理由があってそうしているのですが，この流儀は今日の複素変数関数論のテキストにも踏襲されています．

倍角の公式

　三角関数に対して加法定理が成立し，そこから倍角の公式が導かれることはよく知られていますが，三つの関数 $\varphi a, f\alpha, F\alpha$ についても加法定理が成立するところは同じですから，同様に話が進みます．前に，等式

$$\varphi(\alpha+\beta) + \varphi(\alpha-\beta) = \frac{2\varphi\alpha \cdot f\beta \cdot F\beta}{R},$$
$$(R = 1 + e^2 c^2 \varphi^2\alpha \varphi^2\beta)$$

を示しましたが，この等式において，n は自然数として $\alpha = n\beta$ と置くと，

$$\varphi(n+1)\beta = -\varphi(n-1)\beta + \frac{2\varphi(n\beta)f\beta \cdot F\beta}{R}$$

という漸化式が導かれます．これを見ると，$\varphi(n+1)\beta$ は $\varphi(n-1)\beta$ と $\varphi(n\beta)$，それに $f\beta$ と $F\beta$ を用いて表されることがわかります．

あと二つの関数 $f\alpha, F\alpha$ についても同様で，等式

$$f(\alpha+\beta) + f(\alpha-\beta) = \frac{2f\alpha \cdot F\beta}{R}$$

$$F(\alpha+\beta) + F(\alpha-\beta) = \frac{2F\alpha \cdot F\beta}{R}$$

において $\alpha = n\beta$ と置くと，漸化式

$$f(n+1)\beta = -f(n-1)\beta + \frac{2f(n\beta)f\beta}{R}$$

$$F(n+1)\beta = -F(n-1)\beta + \frac{2F(n\beta)F\beta}{R}$$

が得られます．これにより，$f(n+1)\beta$ の値は $f(n-1)\beta$ と $f(n\beta)$ を用いて表されること，$F(n+1)\beta$ の値は $F(n-1)\beta$ と $F(n\beta)$ を用いて表されることがわかります．そこで次々と $n = 1, 2, 3, \cdots$ とすると，関数値

$$\varphi(2\beta), (3\beta), \varphi(4\beta), \cdots, \varphi(n\beta)$$
$$f(2\beta), f(3\beta), f(4\beta), \cdots, f(n\beta)$$
$$F(2\beta), F(3\beta), F(4\beta), \cdots, F(n\beta)$$

が $\varphi\beta, f\beta, F\beta$ の有理関数の形で表されます．一例として $n = 1$ の場合を書くと，

8. 楕円関数の等分方程式

$$\varphi(2\beta) = \frac{2\varphi\beta \cdot f\beta \cdot F\beta}{1 + e^2 c^2 \varphi^4 \beta}$$

$$f(2\beta) = -1 + \frac{2f^2\beta}{1 + e^2 c^2 \varphi^4 \beta}$$

$$F(2\beta) = -1 + \frac{2F^2\beta}{1 + e^2 c^2 \varphi^4 \beta}$$

となります．これらは**2倍角の公式**です．

一般等分方程式と特殊等分方程式

倍角の公式が教えるように，関数 $\varphi(n\beta)$, $f(n\beta)$, $F(n\beta)$ は $\varphi\beta$, $f\beta$, $F\beta$ の有理関数の形に書き表されます．しかも，これは漸化式を観察すれば諒解されることですが，それらの表示式において分母は三つの関数に共通のものを取ることができます．そこで，P_n, P_n', P_n'', Q_n は $\varphi\beta$, $f\beta$, $F\beta$ の多項式として，

$$\varphi(n\beta) = \frac{P_n}{Q_n},\ f(n\beta) = \frac{P_n'}{Q_n},\ F(n\beta) = \frac{P_n''}{Q_n}$$

という形に表示すると，三つの方程式

$$Q_n \cdot \varphi(n\beta) = P_n, \quad Q_n \cdot f(n\beta) = P_n',$$
$$Q_n \cdot F(n\beta) = P_n''$$

が得られます．これらはそれぞれの関数の**等分方程式**の名に相応しい方程式です．

今日の楕円関数論では逆関数 $\varphi\alpha$ を指して楕円関数と呼ぶ習慣が確立されていますが，それに対応して方程式 $Q_n \cdot \varphi(n\beta) = P_n$ は「楕円関数の等分方程式」と呼ばれます．もう少し正確に言うと「n 等分方程式」です．アーベルにとってはどうかといいますと，これまでに幾度も強調してきたように，アーベルの目標は逆関数そのものではなく，あくまでもルジャンドルのいう楕円関数，すなわち今日の楕円積分にあり，具体的には変換理論と変

数分離型微分方程式の積分がめざされていました.話が少々先走ってしまいますが,「楕円関数研究」の目次に最後まで目を通すと,全部で 10 個の章のうち,第 9 章の表題は

　楕円関数の変換における関数 φ, f, F の利用

というのですから,アーベルの念頭には変換理論があったことがわかります.この点はヤコビと同じです.また,最終章,すなわち第 10 章の表題は

　分離方程式
$$\frac{dy}{\sqrt{(1-y^2)(1+\mu y^2)}} = a\frac{dx}{\sqrt{\sqrt{(1-x^2)(1+\mu x^2)}}}$$
の積分について

というのですが,ここで語られるのは**虚数乗法論**の泉です.

　そういう次第ですので,アーベルにとって三つの関数 $\varphi\beta, f\beta, F\beta$ の間に重要性において差異はなく,どれも有効に活用して上記の 2 問題の解明に向かおうとしています.

　ただし,と急いで言い添えなくてはならないのですが,三つの関数の間に差異が認められないのはあくまでも楕円関数研究という面から見てのことで,アーベルの楕円関数論にはもうひとつ,楕円関数そのものとは別の側面があります.それは代数方程式論で,アーベルは楕円関数の等分方程式の考察を通じて**アーベル方程式**の概念を発見しました.このこともまたこれから先の重大な話題です.

　先走った話をもう少し.「楕円関数研究」の第 5 章の章題は,

　方程式 $P_{2n+1} = 0$ について

というのですが，ここで話題になる方程式もまた等分方程式です．今日では前の方程式 $Q_n \cdot \varphi(n\beta) = P_n$ は**一般等分方程式**，第 5 章の方程式 $P_{2n+1} = 0$ は**特殊等分方程式**と呼んで区別することがありますが，アーベル自身は何も名前をつけていません．等分方程式という名前さえないのですが，ここでは便宜上，今日の呼称を使うことにしたいと思います．

アーベル方程式の発見につながるのは特殊等分方程式のほうです．

一般等分方程式の解法（その 1）

「楕円関数研究」の第 3 章の章題は

$$\text{方程式 } \varphi(n\beta) = \frac{P_n}{Q_n}, \quad f(n\beta) = \frac{P'_n}{Q_n},$$

$$F(n\beta) = \frac{P''_n}{Q_n} \text{ の解法}$$

というのですが，アーベルはここでこれらの三つの方程式の根を書き並べています．

まず方程式

$$\varphi(n\beta) = \frac{P_n}{Q_n}$$

すなわち $Q_n \cdot \varphi(n\beta) = P_n$ を考えてみます．この方程式の根のひとつは $x = \varphi\beta$ ですが，すべての値を表示する式を書くことが課されています．次数 n が偶数の場合，アーベルは n をあらためて $2n$ と置いて，

(1) $$x = \pm \varphi\left((-1)^{m+\mu}\beta + \frac{m}{2n}\omega + \frac{\mu}{2n}\varpi i\right)$$

という表示式を書きました．ここで，m と μ は $2n$ より小さい 0 以上の整数ですから，すべての組合わせを作ると $4n^2$ 通りになります．それらの全体に正負の 2 通りの場合が附随しますから，上記の表示式には全部で $8n^2$ 個の数値が含まれていることになります．しかも，アーベルはそれらがみな相異なることを示しましたが，これらの値は方程式

$$\varphi^2(2n\beta) = \frac{P_{2n}^2}{Q_{2n}^2}$$

の根のすべてを与えています．これで，方程式 $Q_{2n}^2 \cdot \varphi^2(2n\beta) = P_{2n}^2$ の $2n$ 等分方程式の次数は $8n^2$ であることがわかります．

たとえば $n = 1$ の場合には，方程式は

$$\varphi^2(2\beta) = \frac{4x^2(1-c^2x^2)(1+e^2x^2)}{(1+e^2c^2x^4)^2}$$

すなわち

$$(1+e^2c^2x^4)^2\varphi^2(2\beta) = 4x^2(1-c^2x^2)(1+e^2x^2)$$

という形になります．根を書き並べると，

$$x = \pm\varphi\beta, \; x = \pm\varphi\left(-\beta + \frac{\omega}{2}\right),$$

$$x = \pm\left(-\beta + \frac{\varpi}{2}i\right), \; x = \pm\varphi\left(\beta + \frac{\omega}{2} + \frac{\varpi}{2}i\right)$$

となり，全部で 8 個です．

次に，n が奇数の場合を考えてみると，$2n+1$ 等分方程式

$$\varphi(2n+1)\beta = \frac{P_{2n+1}}{Q_{2n+1}}$$

のすべての根は表示式

(2) $\qquad x = \varphi\left((-1)^{m+\mu}\beta + \frac{m}{2n+1}\omega + \frac{\mu}{2n+1}\varpi i\right)$

で表されます．ここで，m と μ には $-n$ から $+n$ までの（$-n$ と $+n$ も含めて）すべての整数値を与えるのですが，それらの値

はみな異なりますから，全部で$(2n+1)^2$個になります．これが$2n+1$等分方程式の次数です．

$n=1$の場合を考えると9次の方程式が生じますが，その9個の根は次のように表されます．

$$\varphi(\beta),\ \varphi\Bigl(-\beta-\frac{\omega}{3}\Bigr),\ \varphi\Bigl(-\beta+\frac{\omega}{3}\Bigr),$$

$$\varphi\Bigl(-\beta-\frac{\varpi}{3}i\Bigr),\ \varphi\Bigl(-\beta+\frac{\varpi}{3}i\Bigr),$$

$$\varphi\Bigl(\beta-\frac{\omega}{3}-\frac{\varpi}{3}i\Bigr),\ \varphi\Bigl(\beta-\frac{\omega}{3}+\frac{\varpi}{3}i\Bigr),$$

$$\varphi\Bigl(\beta+\frac{\omega}{3}-\frac{\varpi}{3}i\Bigr),\ \varphi\Bigl(\beta+\frac{\omega}{3}+\frac{\varpi}{3}i\Bigr),$$

一般等分方程式の解法（その2）

関数$f\beta$の等分方程式

$$f(n\beta)=\frac{P'_n}{Q_n}$$

は$y=f\beta$を根のひとつとする代数方程式ですが，そのすべての根は

(3) $$y=f\Bigl(\beta+\frac{2m}{n}\omega+\frac{\mu}{n}\varpi i\Bigr)$$

という式で表されます．ここで，mとμにはn以下のあらゆる正整数値を与えると全部でn^2個の値が得られますが，それらはみな互いに異なっていることをアーベルは示しました．それゆえ，関数$f\beta$の等分方程式の次数はn^2であることがわかります．

一般等分方程式の解法（その3）

最後に関数$F\beta$の等分方程式

$$F(n\beta) = \frac{P_n''}{Q_n}$$

を考えてみます．この方程式の根のひとつは $z = F\beta$ ですが，そのすべての根は式

(4) $$z = F\left(\beta + \frac{m}{n}\omega + \frac{2\mu}{n}\varpi i\right)$$

で表されます．ここで，m と μ には n 以下の正整数値を与えるのですが，そのようにすると全部で n^2 個の値が得られます．それらもまた相互に異なっていますので，上記の等分方程式の次数は n^2 であることがわかります．

これで，三つの関数 $\varphi\beta, f\beta, F\beta$ の一般等分方程式の根の表示式を書くことができました．

特殊等分方程式の解法

一般等分方程式において特に $\beta = 0$ の場合を考えると，特殊等分方程式の根の表示式が手に入ります．

表示式 (1) において $\beta = 0$ と置くと，$\varphi(0) = 0$ となることにより方程式は

$$P_{2n}^2 = 0$$

という形になります．そのすべての根は

(5) $$x = \pm\varphi\left(\frac{m}{2n}\omega + \frac{\mu}{2n}\varpi i\right),$$

(m と μ の限界は 0 と $2n-1$)

という形に表されます．関数 $\varphi\beta$ の二つの周期は 2ω と $2\varpi i$ であることに留意すると，$\frac{m}{2n}\omega + \frac{\mu}{2n}\varpi i$ は $4n^2$ 個の**周期等分値**を表していることがわかります．

今度は奇数等分を考えてみます．表示式 (2) において $\beta = 0$

と置くと,

(6) $$x = \varphi\Big(\frac{m}{2n+1}\omega + \frac{\mu}{2n+1}\varpi i\Big),$$

(m と μ の限界は $-n$ と $+n$)

となり, この式には全部で $(2n+1)^2$ 個の値が含まれていますが, それらは方程式

$$P_{2n+1} = 0$$

の根のすべてです. 式 $\frac{m}{2n+1}\omega + \frac{\mu}{2n+1}\varpi i$ は全部で $(2n+1)^2$ 個の周期等分値を表しています. このような状況になっていますので, 特殊等分方程式 $P_{2n} = 0$, $P_{2n+1} = 0$ は**周期等分方程式**と呼ばれることがあります. これもよい名前です.

関数 $f\beta$ と $F\beta$ についても同様に進みます. 表示式 (3) において $\beta = \frac{\omega}{2n}$ と置くと,

(8) $$y = f\Big(\Big(2m + \frac{1}{2}\Big)\frac{\omega}{n} + \frac{\mu}{n}\varpi i\Big),$$

(m と μ の限界は 0 と $n-1$)

という形になりますが, $f(n\beta) = f\Big(\frac{\omega}{2}\Big) = 0$ により, これらの値は方程式

$$P'_n = 0$$

のすべての根を与えています.

次に, 表示式 (4) において $\beta = \frac{\varpi i}{2n}$ と置くと,

(9) $$z = F\Big(\frac{m}{n}\omega + \Big(2\mu + \frac{1}{2}\Big)\frac{\varpi i}{n}\Big),$$

(m と μ の限界は 0 と $n-1$)

という形になります. この場合, $F(n\beta) = F\Big(\frac{\varpi i}{2}\Big) = 0$ ですから, これらの値は方程式

$$P_n'' = 0$$

の根のすべてです．

細かく議論を重ねると煩雑になりますので，ここではアーベルの論証の結論のみを紹介しましたが，ともあれこれで三つの方程式 $\varphi(n\beta) = \dfrac{P_n}{Q_n}$, $f(n\beta) = \dfrac{P_n'}{Q_n}$, $F(n\beta) = \dfrac{P_n''}{Q_n}$ の根を表示する式が書き下されました．根の表示が得られたのですから，これをもって方程式は解けたと見てもよく，第3章の章題の通りです．ただし，これらの表示には超越関数 φ, f, F が用いられていますので，いわば超越的に解けたということになります．

等分方程式の代数的解法

「楕円関数研究」の第4章の章題は

方程式

$$\varphi(\alpha) = \frac{P_{2n+1}}{Q_{2n+1}},\ f(\alpha) = \frac{P'_{2n+1}}{Q_{2n+1}},\ F(\alpha) = \frac{P''_{2n+1}}{Q_{2n+1}}$$

の代数的解法

というもので，前記の超越的解法に基づいて，アーベルは代数的解法の考察に移ります．アーベル方程式にもここで出会います．

関数 $\varphi\left(\dfrac{\alpha}{n}\right), f\left(\dfrac{\alpha}{n}\right), F\left(\dfrac{\alpha}{n}\right)$ の値を関数 $\varphi\alpha, f\alpha, F\alpha$ の関数の形として決定することが目標です．アーベルは $n=2$ の場合に計算を実行して目標地点を例示していますので，まずはじめにそれを紹介したいと思います．

関数値

8. 楕円関数の等分方程式

$$x = \varphi\left(\frac{\alpha}{n}\right), \ y = f\left(\frac{\alpha}{n}\right), \ z = F\left(\frac{\alpha}{n}\right)$$

を求めることが目標です．2倍角の公式

$$f(2\beta) = -1 + \frac{2f^2\beta}{1+e^2c^2\varphi^4\beta},$$

$$F(2\beta) = -1 + \frac{2F^2\beta}{1+e^2c^2\varphi^4\beta}$$

に立ち返り，$\beta = \dfrac{\alpha}{2}$ と置くと，$x = \varphi\left(\dfrac{\alpha}{2}\right), y = f\left(\dfrac{\alpha}{2}\right)$ を用いて $f\alpha = -1 + \dfrac{2y^2}{1+e^2c^2x^4}$ と表されます．ここで, x と y は $y^2 = 1-c^2x^2$ という関係で結ばれていますから，これを代入して計算を進めると，

$$f\alpha = \frac{1-2c^2x^2-c^2e^2x^4}{1+e^2c^2x^4}$$

となります．同様に, $z^2 = 1+e^2x^2$ という関係を用いて計算すると，

$$F\alpha = -1 + \frac{2z^2}{1+e^2c^2x^4} = \frac{1+2e^2x^2-e^2c^2x^4}{1+e^2c^2x^4}$$

となります．アーベルはこれらの方程式から x^2 の値を次のようにして取り出しました．

$$1+f\alpha = \frac{2(1-c^2x^2)}{1+e^2c^2x^4}, \ 1-f\alpha = \frac{2c^2x^2(1+e^2x^2)}{1+e^2c^2x^4}$$

$$F\alpha - 1 = \frac{2e^2x^2(1-c^2x^2)}{1+e^2c^2x^2}, \ F\alpha + 1 = \frac{2(1+e^2x^2)}{1+e^2c^2x^4}$$

ここから等式

$$\frac{F\alpha-1}{1+f\alpha} = e^2x^2, \quad \frac{1-f\alpha}{F\alpha+1} = c^2x^2$$

が得られます．これらを $y^2 = 1-c^2x^2, z^2 = 1+e^2x^2$ に代入すると，

$$z^2 = \frac{F\alpha + f\alpha}{1 + f\alpha}, \quad y^2 = \frac{F\alpha + f\alpha}{1 + F\alpha}$$

となり，ここから求める値

$$\varphi\left(\frac{\alpha}{2}\right) = \frac{1}{c}\sqrt{\frac{1-f\alpha}{1+F\alpha}} = \frac{1}{e}\sqrt{\frac{F\alpha-1}{f\alpha+1}}$$

$$f\left(\frac{\alpha}{2}\right) = \sqrt{\frac{F\alpha+f\alpha}{1+F\alpha}}, \quad F\left(\frac{\alpha}{2}\right) = \sqrt{\frac{F\alpha+f\alpha}{1+f\alpha}}$$

が取り出されます．これらは $\varphi\left(\dfrac{\alpha}{2}\right), f\left(\dfrac{\alpha}{2}\right), F\left(\dfrac{\alpha}{2}\right)$ の $f\alpha, F\alpha$ による代数的表示式です．

正弦と余弦の等分方程式

　三角関数の等分方程式と対比すると，楕円関数の等分方程式の理解を深めるうえで有益です．楕円関数の場合と同様に，正弦関数 $x = \sin\theta$ は円積分

$$\theta = \int_0^x \frac{dx}{\sqrt{1-x^2}}$$

の逆関数として定まります．奇関数であること，1個の周期 2π をもつことが判明し，定義域は実数直線全体に拡大されます．余弦関数を $y = f(\theta) = \sqrt{1-\sin^2\theta} = \cos\theta$ と定めます．

　正弦関数と余弦関数の2倍角の公式は次の通りです．

$$\sin 2\theta = 2\sin\theta\cos\theta = 2x\sqrt{1-x^2}$$
$$\cos 2\theta = 2\cos^2\theta - 1 = 2y^2 - 1$$

$x = \sin\theta$ は4次方程式 $\sin^2 2\theta = 4x^2(1-x^2)$ の根のひとつですが，4個の根を全部書くと，$\pm\sin\theta, \pm\cos\theta$ となります．$y = \cos\theta$ は2次方程式 $\cos 2\theta = 2\cos^2\theta - 1 = 2y^2 - 1$ の根のひとつで，もうひとつの根は $-\cos\theta$ です．

8. 楕円関数の等分方程式

3 倍角の公式は次の通り．
$$\sin 3\theta = 3\sin\theta - 4\sin^3\theta = 3x - 4x^3$$
$$\cos 3\theta = 4\cos^3\theta - 3\cos\theta = 4y^3 - 3y$$

3 次方程式 $\sin 3\theta = 3x - 4x^3$ の 3 個の根は $\sin\theta$, $\sin\left(\theta + \dfrac{2\pi}{3}\right)$, $\sin\left(\theta - \dfrac{2\pi}{3}\right)$. 3 次方程式 $\cos 3\theta = 4y^3 - 3y$ の 3 個の根は $\cos\theta$, $\cos\left(\theta + \dfrac{2\pi}{3}\right)$, $\cos\left(\theta - \dfrac{2\pi}{3}\right)$ です．

4 倍角の公式も書いておきます．
$$\sin 4\theta = \cos\theta(4\sin\theta - 8\sin^3\theta) = \sqrt{1-x^2}(4x - 8x^3)$$
$$\cos 4\theta = 8\cos^4\theta - 8\cos^2\theta + 1 = 8y^4 - 8y^2 + 1$$

8 次方程式 $\sin^2 4\theta = (1-x^2)(4x - 8x^3)^2$ の 8 個の根は

$$\pm\sin\theta, \pm\cos\theta, \pm\sin\left(\theta + \frac{\pi}{4}\right), \pm\sin\left(\theta - \frac{\pi}{4}\right).$$

4 次方程式 $\cos 4\theta = 8y^4 - 8y^2 + 1$ の 4 個の根は

$$\cos\theta, \; \cos\left(\theta + \frac{\pi}{2}\right) = -\sin\theta,$$
$$\cos\left(\theta - \frac{\pi}{2}\right) = \sin\theta, \; \cos(\theta + \pi) = -\cos\theta$$

です．

第9章
微分方程式と等分方程式

三角関数の2倍角の公式

　アーベルの楕円関数論をテーマに話を続け，目下，楕円関数の等分方程式論にさしかかっているところですが，先に進む前に，これまでのあれこれを回想するとともに，これからの歩みを少々展望してみたいと思います．アーベルの楕円関数論には二つの基本主題が存在し，互いに交錯しながらソナタ形式になって展開していくことは，これまでにも何度か言及した通りです．第1主題は変換理論，第2主題は等分理論です．ヤコビの楕円関数論の場合には少なくとも当初は，というのはアーベルの生前は，というほどの意味ですが，ヤコビはもっぱら変換理論に打ち込んでいて，等分理論に関心を寄せている気配はありませんでした．

　アーベルの場合にはどうして二つの理論が揃っているのだろうという疑問がわきますが，これは楕円関数論というものの出自に関係があります．出自という代わりに泉と言い換えるほうがよいかもしれませんが，楕円関数論にはオイラーとガウスという二つの泉が存在し，オイラーの泉は微分方程式論，ガウスの泉は等分方程式論です．変換理論は微分方程式論が身にまとう衣裳のひとつです．アーベルの楕円関数論にはこの二つの泉から流出する流れが合流しています．

　二つの流れは交叉したり乖離したりしながら流れていくのです

が，みなもとの泉に立ち返ると，オイラーとガウスではねらいとするところがまったく異なります．これからの叙述を通じて，この間の諸事情をもう少し詳しく明らかにしていきたいと思います．

回想をもう少し．三角関数に立ち返り，
$$\theta = \int_0^x \frac{dx}{\sqrt{1-x^2}}, \quad 2\theta = \int_0^y \frac{dy}{\sqrt{1-y^2}}$$
と置くと，x と θ は $x = \sin\theta$ という関係で結ばれ，y と θ は $y = \sin 2\theta$ という関係で結ばれていますが，x と y もまた無関係ではありえません．実際，正弦関数の2倍角の公式により，$y = 2\sin\theta\cos\theta = 2x\sqrt{1-x^2}$ という関係が成立することは周知の通りです．両辺の平方を作ると平方根が消えて，等式
$$y^2 = 4x^2(1-x^2)$$
が生じます．これは微分方程式
$$\frac{2dx}{\sqrt{1-x^2}} = \frac{dy}{\sqrt{1-y^2}}$$
の解のひとつを与えています．代数方程式ですので代数的な解ですが，微分方程式の解のことを積分と呼ぶ流儀を採るなら，代数的積分という呼称があてはまります．

正弦関数 $\sin\theta$ は積分 $\int_0^x \frac{dx}{\sqrt{1-x^2}}$ の逆関数ですが，その力を借りることにより微分方程式 $\frac{2dx}{\sqrt{1-x^2}} = \frac{dy}{\sqrt{1-y^2}}$ を解くことができました．逆関数の周知の2倍角の公式の意味をそのように理解するのがオイラーの立場です．

三角関数の加法定理

三角関数の3倍角や4倍角の公式についても同様に語ること

ができますが，それらは省略して，加法定理についてもう少し話しておきたいと思います．

$$\theta = \int_0^x \frac{dx}{\sqrt{1-x^2}}, \ \varphi = \int_0^y \frac{dy}{\sqrt{1-y^2}}, \ \psi = \int_0^z \frac{dz}{\sqrt{1-z^2}}$$

と置くと，$x = \sin\theta$, $y = \sin\varphi$, $z = \sin\psi$ という関係が成り立ちますが，ここで，もし三つの変化量 θ, φ, ψ が等式

$$\theta + \varphi = \psi$$

で結ばれているとするとするなら，三角関数の加法定理により，等式

$$\sin\psi = \sin(\theta+\varphi) = \sin\theta\cos\varphi + \cos\theta\sin\varphi$$

が生じます．これを書き直すと，

$$z = x\sqrt{1-y^2} + y\sqrt{1-x^2}$$

という形になります．

ここまでの道筋を逆にたどると，任意に与えられた x と y に対し，等式 $z = x\sqrt{1-y^2} + y\sqrt{1-x^2}$ により z を定めると，三つの積分の間に

$$\int_0^x \frac{dx}{\sqrt{1-x^2}} + \int_0^y \frac{dy}{\sqrt{1-y^2}} = \int_0^z \frac{dz}{\sqrt{1-z^2}}$$

という等式が成立することがわかります．これが加法定理というものの解釈のひとつですが，積分記号を取り払うと，微分方程式

$$\frac{dx}{\sqrt{1-x^2}} + \frac{dy}{\sqrt{1-y^2}} = \frac{dz}{\sqrt{1-z^2}}$$

が生じます．等式 $z = x\sqrt{1-y^2} + y\sqrt{1-x^2}$ はこの微分方程式のひとつの特殊解を与えていると見ることもできます．

$x = y$ の場合を考えると，前記の2倍角の公式の考察の際に得られた特殊解 $z = 2x\sqrt{1-x^2}$ が現れます．

特に y が定量の場合を考えてみたいと思います．この場合，

$dy=0$ ですから,上記の微分方程式は

$$\frac{dx}{\sqrt{1-x^2}}=\frac{dz}{\sqrt{1-z^2}}$$

という形になります.yは定量と考えられていますから,等式 $z=x\sqrt{1-y^2}+y\sqrt{1-x^2}$ はこの微分方程式の一般解を与えているのですが,平方を作って変形すると,

$$z^2+x^2=y^2+2zx\sqrt{1-y^2}$$

というきれいな形になります.こうして微分方程式を解くことができたのですが,その実体は三角関数の加法定理そのものです.単に三角関数の周知の性質を書き直しただけのことのように見えますが,視点を変えると,正弦関数という逆関数の力を借りて微分方程式が解けたことになります.楕円積分(ルジャンドルのいう楕円関数)の逆関数にもそのような力が備わっているのではないか,というところにアーベルのアイデアの本質がひそんでいます.

微分方程式 $\dfrac{dx}{\sqrt{1-x^4}}=\dfrac{dy}{\sqrt{1-y^4}}$ 再考

既述のように,オイラーはファニャノに触発されて微分方程式 $\dfrac{dx}{\sqrt{1-x^4}}=\dfrac{dy}{\sqrt{1-y^4}}$ の一般解 $x^2+y^2+c^2x^2y^2=c^2+2xy\sqrt{1-c^4}$ (c は定量)を発見することができましたが,この解はレムニスケート関数,すなわちレムニスケート積分 $\alpha=\displaystyle\int_0^x\frac{dx}{\sqrt{1-x^4}}$ の逆関数 $x=\varphi(\alpha)$ の加法定理そのものです.オイラーにはレムニスケート関数に着目した痕跡は見あたりませんが,あらかじめレムニスケート関数の加法定理を確立しておけば,オイラーが発見した一般解もまたたちまちみいだされます.

この様子を一瞥してみたいと思います．三角関数の場合にそうしたように，
$$\alpha = \int_0^x \frac{dx}{\sqrt{1-x^4}}, \quad \beta = \int_0^y \frac{dy}{\sqrt{1-y^4}}$$
と置くと，x と α および y と β は $x = \varphi(\alpha)$, $y = \varphi(\beta)$ という関係で結ばれています．微分方程式 $\dfrac{dx}{\sqrt{1-x^4}} = \dfrac{dy}{\sqrt{1-y^4}}$ を積分すると，γ は定量として，等式 $\alpha = \beta + \gamma$ が得られます．それゆえ，レムニスケート関数の加法定理により，
$$\begin{aligned} x &= \varphi(\alpha) = \varphi(\beta+\gamma) \\ &= \frac{\varphi(\beta)\sqrt{1-\varphi^4(\gamma)} + \varphi(\gamma)\sqrt{1-\varphi^4(\beta)}}{1+\varphi^2(\beta)\varphi^2(\gamma)} \\ &= \frac{y\sqrt{1-c^4} + c\sqrt{1-y^4}}{1+c^2y^2} \end{aligned}$$
となります．ここで，$c = \varphi(\gamma)$ と置きました．

この式には平方根が含まれていますが，これを解消するためにもう少し計算を進めると，
$$\begin{aligned} &x(1+c^2y^2) = y\sqrt{1-c^4} + c\sqrt{1-y^4} \\ &x(1+c^2y^2) - y\sqrt{1-c^4} = c\sqrt{1-y^4} \\ &x^2(1+c^2y^2)^2 - 2xy(1+c^2y^2)\sqrt{1-c^4} \\ &\quad + y^2(1-c^4) = c^2(1-y^4) \\ &x^2(1+c^2y^2)^2 - 2xy(1+c^2y^2)\sqrt{1-c^4} \\ &\quad + (1+c^2y^2)(y^2-c^2) = 0 \end{aligned}$$
となります．そこで $1+c^2y^2$ で割ると，方程式
$$(1+c^2y^2)x^2 - 2xy\sqrt{1-c^4} + y^2 - c^2 = 0$$
が生じますが，これはオイラーが発見した一般解 $x^2 + y^2 + c^2x^2y^2 = c^2 + 2xy\sqrt{1-c^4}$ と同じものです．こうしてレムニスケート関

数の性質に基づいて，微分方程式 $\dfrac{dx}{\sqrt{1-x^4}} = \dfrac{dy}{\sqrt{1-y^4}}$ の解を求めることができました．アーベルが第1種楕円関数（ルジャンドルの言葉）の逆関数に着目した理由はここにあります．

オイラーは微分方程式 $\dfrac{dx}{\sqrt{1-x^4}} = \dfrac{dy}{\sqrt{1-y^4}}$ の一般解を発見した最初の人ですし，レムニスケート積分の加法定理を発見したのもまた同じオイラーでした．オイラーから出発してなお一歩を進め，逆関数の考察に移行したところにアーベルに独自のアイデアが認められますが，このアイデアをアーベルに示唆したのはガウスの円周等分方程式論でした．詳しい諸事情は後述します．

奇数等分方程式の解法（その1）

楕円関数の等分理論の真意が微分方程式の解法にあるという一事を心に留めて，アーベルの論文「楕円関数研究」の第4章「方程式 $\varphi(\alpha) = \dfrac{P_{2n+1}}{Q_{2n+1}}, f(\alpha) = \dfrac{P'_{2n+1}}{Q_{2n+1}}, F(\alpha) = \dfrac{P''_{2n+1}}{Q_{2n+1}}$ の代数的解法」に立ち返りたいと思います．ここでは，一般等分方程式の代数的解法が論じられるのですが，AとBの2節に区分けされ，A節では前章で見たように（112-114頁）三つの関数 $\varphi\left(\dfrac{\alpha}{2}\right), f\left(\dfrac{\alpha}{2}\right), F\left(\dfrac{\alpha}{2}\right)$ を $\varphi(\alpha), f(\alpha), F(\alpha)$ を用いて表示する諸式が導出されました．これによって，「一般2等分方程式」はつねに代数的に解けること，しかも平方根のみを用いて解けることが示されました．

2等分方程式はつねに解けることを踏まえて，B節では奇数等分方程式の解法が論じられます．B節には，

関数 $\varphi\left(\dfrac{\alpha}{2n+1}\right), f\left(\dfrac{\alpha}{2n+1}\right), F\left(\dfrac{\alpha}{2n+1}\right)$ の $\varphi\alpha, f\alpha, F\alpha$ の代数関数としての表示

という表題が附されています．

　一般等分方程式の代数的解法は特殊等分方程式の代数的解法に帰着されていくのですが，その様子をアーベルの叙述に沿って精密に紹介したいと思います．16世紀のカルダノの時代から懸案の代数方程式論における新たな知見にも，ここで出会います．

　$\varphi\alpha, f\alpha, F\alpha$ は既知として，$(2n+1)^2$ 次の三つの代数方程式

$$\varphi\alpha = \frac{P_{2n+1}}{Q_{2n+1}},\; f\alpha = \frac{P'_{2n+1}}{Q_{2n+1}},\; F\alpha = \frac{P''_{2n+1}}{Q_{2n+1}}$$

を解くことが課されています．結果は肯定的で，**これらの方程式はどれも代数的に可解**です．

　アーベルは方程式 $\theta^{2n+1}-1=0$ のひとつの虚根 θ を取って，

$$\varphi_1\beta = \sum_{m=-n}^{+n} \varphi\left(\beta + \frac{2m\omega}{2n+1}\right)$$

$$\psi\beta = \sum_{\mu=-n}^{+n} \theta^\mu \varphi_1\left(\beta + \frac{2\mu\varpi i}{2n+1}\right),$$

$$\psi_1\beta = \sum_{\mu=-n}^{+n} \theta^\mu \varphi_1\left(\beta - \frac{2\mu\varpi i}{2n+1}\right)$$

と置き，それから二つの量

$$\psi\beta \cdot \psi_1\beta \quad \text{と} \quad (\psi\beta)^{2n+1} + (\psi_1\beta)^{2n+1}$$

を作りました．これらの二つの量は $\varphi(2n+1)\beta$ を用いて有理的に書き表されるというのが，アーベルの最初の主張です．

　まず，$\varphi_1\beta$ を書き直すと，

$$\varphi_1\beta = \varphi\beta + \sum_{m=1}^{n}\left[\varphi\left(\beta+\frac{2m\omega}{2n+1}\right)+\varphi\left(\beta-\frac{2m\omega}{2n+1}\right)\right]$$

$$= \varphi\beta + \sum_{m=1}^{n}\frac{2\varphi\beta\cdot f\left(\frac{2m\omega}{2n+1}\right)F\left(\frac{2m\omega}{2n+1}\right)}{1+e^2c^2\varphi^2\left(\frac{2m\omega}{2n+1}\right)\varphi^2\beta}$$

という形になりますが，これは，$\varphi_1\beta$ が $\varphi\beta$ を用いて有理的に書き表されることを示しています．そこで，この有理関数を

$$\varphi_1\beta = \chi(\varphi\beta)$$

と置くと，

$$\varphi_1\left(\beta\pm\frac{2\mu\varpi i}{2n+1}\right) = \chi\left[\varphi\left(\beta\pm\frac{2\mu\varpi i}{2n+1}\right)\right]$$

$$= \chi\left[\frac{\varphi\beta\cdot f\left(\frac{2\mu\varpi i}{2n+1}\right)F\left(\frac{2\mu\varpi i}{2n+1}\right)\pm\varphi\left(\frac{2\mu\varpi i}{2n+1}\right)f\beta\cdot F\beta}{1+e^2c^2\varphi^2\left(\frac{2\mu\varpi i}{2n+1}\right)\varphi^2\beta}\right]$$

となります．もう少し見やすい形にするために

$$\varphi\beta = x, \quad f\left(\frac{2\mu\varpi i}{2n+1}\right)F\left(\frac{2\mu\varpi i}{2n+1}\right) = a, \quad \varphi\left(\frac{2\mu\varpi i}{2n+1}\right) = b$$

と置くと，$f\beta = \sqrt{1-c^2x^2}$, $F\beta = \sqrt{1+e^2x^2}$．これらを代入すると，

$$\varphi_1\left(\beta\pm\frac{2\mu\varpi i}{2n+1}\right)$$

$$= \chi\left(\frac{ax\pm b\sqrt{(1-c^2x^2)(1+e^2x^2)}}{1+e^2c^2b^2x^2}\right)$$

という形になりますが，χ は有理関数であることに留意すると，この等式の右辺は，R_μ と R'_μ は x の有理関数として，

$$R_\mu \pm R'_\mu\sqrt{(1-c^2x^2)(1+c^2x^2)}$$

という形であることがわかります．それゆえ，

$$\varphi_1\left(\beta\pm\frac{2\mu\varpi i}{2n+1}\right) = R_\mu \pm R'_\mu\sqrt{(1-c^2x^2)(1+e^2x^2)}$$

となりますが，これを $\psi\beta, \psi_1\beta$ を表す式に代入すると，

$$\begin{cases} \psi\beta = \displaystyle\sum_{\mu=-n}^{+n}\theta^{\mu}R_{\mu}+\sqrt{(1-c^2x^2)(1+e^2x^2)}\sum_{\mu=-n}^{+n}\theta^{\mu}R'_{\mu} \\ \psi_1\beta = \displaystyle\sum_{\mu=-n}^{+n}\theta^{\mu}R_{\mu}-\sqrt{(1-c^2x^2)(1+e^2x^2)}\sum_{\mu=-n}^{+n}\theta^{\mu}R'_{\mu} \end{cases}$$

という表示が得られます.これを見ると明らかなように,$\psi\beta$ と $\psi_1\beta$ の積は x の有理関数です.そこで,これを λx で表します.

次に,R_{μ} と R'_{μ} は x の有理関数であるから,$\displaystyle\sum_{\mu=-n}^{+n}\theta^{\theta}R_{\mu}$ と $\displaystyle\sum_{\mu=-n}^{+n}\theta^{\mu}R'_{\mu}$ もまた x の有理関数です.それゆえ,$\psi\beta$ と $\psi_1\beta$ の $2n+1$ 次の冪を作ると,t と t' は x の有理関数として,

$$(\psi\beta)^{2n+1} = t+t'\sqrt{(1-c^2x^2)(1+e^2x^2)}$$
$$(\psi_1\beta)^{2n+1} = t-t'\sqrt{(1-c^2x^2)(1+e^2x^2)}$$

という形になることがわかります.これらを加えると $2t$ となり,x の有理関数が生じますが,これをあらためて $\lambda_1 x$ と書くことにします.

奇数等分方程式の解法(その2)

ここまでのところで,

$$\begin{cases} \psi\beta\cdot\psi_1\beta = \lambda x \\ (\psi\beta)^{2n+1}+(\psi_1\beta)^{2n+1} = \lambda_1 x \end{cases}$$

と表されることがわかりました.λx と $\lambda_1 x$ は x の有理関数ですが,これらの関数において,x の代りに方程式

$$\varphi(2n+1)\beta = \frac{P_{2n+1}}{Q_{2n+1}}$$

の他の任意の根を代入しても関数の値は変りません.

以下,この事実を確認します.$x = \varphi\beta$ でしたから,

$$\psi\beta \cdot \psi_1\beta = \lambda(\varphi\beta)$$

となりますが,この等式において β のところに $\beta + \dfrac{2k\omega}{2n+1} + \dfrac{2k'\varpi i}{2n+1}$ を代入すると,

$$\lambda\left[\varphi\left(\beta + \frac{2k\omega}{2n+1} + \frac{2k'\varpi i}{2n+1}\right)\right]$$
$$= \psi\left(\beta + \frac{2k\omega}{2n+1} + \frac{2k'\varpi i}{2n+1}\right) \cdot \psi_1\left(\beta + \frac{2k\omega}{2n+1} + \frac{2k'\varpi i}{2n+1}\right)$$

という表示式が得られます.この式が $\lambda(\varphi\beta)$ に等しいことを示したいのですが,そのために精密な式変形を繰り返します.

まず,これは単に数列 $\{f(m)\}$ の総和の順序を変えるだけのことですが,等式

$$\sum_{m=-n}^{+n} f(m+k) = \sum_{m=-n}^{+n} f(m) + \sum_{m=1}^{k} [f(m+n) - f(m-n-1)]$$

が成立します.$\varphi_1\beta$ の表示式

$$\varphi_1\beta = \sum_{m=-n}^{+n} \varphi\left(\beta + \frac{2m\omega}{2n+1}\right)$$ において β のところに $\beta + \dfrac{2k\omega}{2n+1}$ を代入し,先ほどの等式にしたがって総和の順序を変えると,

$$\varphi_1\left(\beta + \frac{2k\omega}{2n+1}\right) = \sum_{m=-n}^{+n} \varphi\left(\beta + \frac{2(k+m)}{2n+1}\omega\right)$$
$$= \varphi_1\beta + \sum_{m=1}^{k}\left[\varphi\left(\beta + \frac{2(m+n)\omega}{2n+1}\right) - \varphi\left(\beta + \frac{2(m-n-1)\omega}{2n+1}\right)\right]$$

と変形されますが,関数 $\varphi\beta$ の周期性により

$$\varphi\left(\beta + \frac{2(m-n-1)}{2n+1}\omega\right) = \varphi\left(\beta + \frac{2(m+n)}{2n+1}\omega - 2\omega\right)$$
$$= \varphi\left(\beta + \frac{2(m+n)}{2n+1}\omega\right)$$

となりますから,等式

$$\varphi_1\left(\beta+\frac{2k\omega}{2n+1}\right)=\varphi_1\beta$$

が得られます.

この等式を念頭に置いて式変形を続けます. $\psi\beta$ の表示式

$$\psi\beta=\sum_{\mu=-n}^{+n}\theta^\mu\varphi_1\left(\beta+\frac{2\mu\varpi i}{2n+1}\right)$$

において，β のところに $\beta+\dfrac{2k'\varpi i}{2n+1}+\dfrac{2k\omega}{2n+1}$ を代入すると，

$$\begin{aligned}&\psi\left(\beta+\frac{2k'\varpi i}{2n+1}+\frac{2k\omega}{2n+1}\right)\\&=\sum_{\mu=-n}^{+n}\theta^\mu\varphi_1\left(\beta+\frac{2(k'+\mu)\varpi i}{2n+1}+\frac{2k\omega}{2n+1}\right)\end{aligned}$$

となります. ここで，前に確立した等式により，

$$\varphi_1\left(\beta+\frac{2(k'+\mu)\varpi i}{2n+1}+\frac{2k\omega}{2n+1}\right)=\varphi_1\left(\beta+\frac{2(k'+\mu)\varpi i}{2n+1}\right)$$

となりますから，等式

$$\psi\left(\beta+\frac{2k'\varpi i}{2n+1}+\frac{2k\omega}{2n+1}\right)=\sum_{\mu=-n}^{+n}\theta^\mu\varphi_1\left(\beta+\frac{2(k'+\mu)\varpi i}{2n+1}\right)$$

が得られます. ここで，前に使った数列の総和の順序を変える等式

$$\sum_{m=-n}^{+n}f(m+k)=\sum_{m=-n}^{+n}f(m)+\sum_{m=1}^{k}[f(m+n)-f(m-n-1)]$$

を用いると，

$$\sum_{\mu=-n}^{+n} \theta^{\mu} \varphi_1 \Big(\beta + \frac{2(k'+\mu)\varpi i}{2n+1}\Big)$$

$$= \theta^{-k'} \sum_{\mu=-n}^{+n} \theta^{\mu} \varphi_1 \Big(\beta + \frac{2\mu\varpi i}{2n+1}\Big)$$

$$+ \sum_{\mu=1}^{k'} \theta^{n+\mu-k'} \varphi_1 \Big(\beta + \frac{2(\mu+n)\varpi i}{2n+1}\Big)$$

$$- \sum_{\mu=1}^{k'} \theta^{\mu-n-1-k'} \varphi_1 \Big(\beta + \frac{2(\mu-n-1)\varpi i}{2n+1}\Big)$$

というふうに式変形が進みます．右辺の初項に見られる $\sum_{\mu=-n}^{+n} \theta^{\mu} \varphi_1 \Big(\beta + \frac{2\mu\varpi i}{2n+1}\Big)$ は $\psi\beta$ にほかなりません．また，$\theta^{2n+1}=1$ より $\theta^{n+\mu-k'} = \theta^{\mu-n-1-k'}$．また，

$$\varphi_1 \Big(\beta + \frac{2(\mu-n-1)\varpi i}{2n+1}\Big) = \varphi_1 \Big(\beta + \frac{2(\mu+n)\varpi i}{2n+1} - 2\varpi i\Big)$$
$$= \varphi_1 \Big(\beta + \frac{2(\mu+n)\varpi i}{2n+1}\Big).$$

これで，等式

$$\psi\Big(\beta + \frac{2k'\varpi i}{2n+1} + \frac{2k\omega}{2n+1}\Big) = \theta^{-k'} \psi\beta$$

が手に入りました．

同様の計算を繰り返すと，等式

$$\psi_1\Big(\beta + \frac{2k'\varpi i}{2n+1} + \frac{2k\omega}{2n+1}\Big) = \theta^{k'} \psi_1\beta$$

が得られます．これらの二つの等式を見て，一方では積を作り，他方ではそれぞれの $2n+1$ 乗の冪を作って加えると，二つの等式

$$\psi\Bigl(\beta+\frac{2k\omega+2k'\varpi i}{2n+1}\Bigr)\cdot\psi_1\Bigl(\beta+\frac{2k\omega+2k'\varpi i}{2n+1}\Bigr)$$
$$=\psi\beta\cdot\psi_1\beta$$
$$\Bigl[\psi\Bigl(\beta+\frac{2k\omega+2k'\varpi i}{2n+1}\Bigr)\Bigr]^{2n+1}+\Bigl[\psi_1\Bigl(\beta+\frac{2k\omega+2k'\varpi i}{2n+1}\Bigr)\Bigr]^{2n+1}$$
$$=(\psi\beta)^{2n+1}+(\psi_1\beta)^{2n+1}$$

が生じますが,これはつまり関数 λx, $\lambda_1 x$ が満たす等式

$$\lambda(\varphi\beta)=\lambda\Bigl[\varphi\Bigl(\beta+\frac{2k\omega+2k'\varpi i}{2n+1}\Bigr)\Bigr]$$
$$\lambda_1(\varphi\beta)=\lambda_1\Bigl[\varphi\Bigl(\beta+\frac{2k\omega+2k'\varpi i}{2n+1}\Bigr)\Bigr]$$

にほかなりません.これで,当面の目的は達成されました.

奇数等分方程式の解法 (その3)

前節で $\varphi\Bigl(\beta+\dfrac{2k\omega+2k'\varpi i}{2n+1}\Bigr)$ という形の数値に着目しましたが,これは方程式

$$\varphi(2n+1)\beta=\frac{P_{2n+1}}{Q_{2n+1}}$$

の根を表しています.k と k' にいろいろな数値をあてはめればすべての根が得られますが,全部で $2\nu+1$ 個あるとして,それらを $x_0, x_1, x_2, \cdots, x_{2\nu}$ とすると,上に示されたことにより,$\lambda x_0, \lambda x_1, \lambda x_2, \cdots, \lambda x_{2\nu}$ はみな等しく,$\lambda_1 x_0, \lambda_1 x_1, \lambda_1 x_2, \cdots, \lambda_1 x_{2\nu}$ もまたみな等しいことがわかります.それゆえ,$x=\varphi\beta$ として,等式

$$\lambda x=\frac{1}{2\nu+1}(\lambda x_0+\lambda x_1+\cdots+\lambda x_{2\nu})$$
$$\lambda_1 x=\frac{1}{2\nu+1}(\lambda_1 x_0+\lambda_1 x_1+\cdots+\lambda_1 x_{2\nu})$$

が成立しますが,これらの等式の右辺は方程式 $\varphi(2n+1)\beta = \dfrac{P_{2n+1}}{Q_{2n+1}}$ の根の有理対称式ですから,「根と係数の関係」により,この方程式の係数を用いて有理的に書き表されます.これはつまり,実際には $\varphi(2n+1)\beta$ の有理関数になるということにほかなりません.そこで,
$$\lambda x = B, \quad \lambda_1 x = 2A$$
と置くと,等式
$$(\psi\beta)^{2n+1}(\psi_1\beta)^{2n+1} = B^{2n+1},$$
$$(\psi\beta)^{2n+1} + (\psi_1\beta)^{2n+1} = 2A$$
が得られます.$2A$ と B^{2n+1} を係数にもつ2次方程式を解くことにより $(\psi\beta)^{2n+1}$ が求められますが,その $2n+1$ 次の冪根を開くことにより,$\psi\beta$ の値を $\varphi(2n+1)\beta$ を用いて代数的に表示する式が導かれます.この計算を実行すると,
$$\psi\beta = \sqrt[2n+1]{A + \sqrt{A^2 - B^{2n+1}}}$$
$$= \sum_{\mu=-n}^{+n} \theta^\mu \varphi_1\left(\beta + \frac{2\mu\varpi i}{2n+1}\right)$$
となります.

　一般の奇数等分方程式を代数的に解くという目的はまだ達成されていませんが,ここまでのところを振り返っても,代数的解法に先立って逆関数による根の表示を得ていたことが重要な役割を果たしています.ガウスは円周等分方程式の解法にあたってまず緒根を複素指数関数の特殊値として表示し,指数関数の性質を基礎にして歩を進めました.アーベルの歩みにはガウスの影響が色濃く射しています.

第10章
等分方程式とモジュラー方程式

一般等分方程式の代数的解法（続）

次数 $(2n+1)^2$ の一般等分方程式 $\varphi\alpha = \dfrac{P_{2n+1}}{Q_{2n+1}}$ の代数的解法をめざし，まず量 $\varphi_1\beta$ を作り，次にそれを用いて二つの量 $\psi\beta, \psi_1\beta$ を作りました．それから式変形を繰り返して，$\psi\beta$ を $\sqrt[2n+1]{A+\sqrt{A^2-B^{2n+1}}}$ という形に表示するところまで話が進みました．ここで，A と B は $\varphi(2n+1)\beta$ の有理式です．

これで，等式

$$\sqrt[2n+1]{A+\sqrt{A^2-B^{2n+1}}} = \sum_{\mu=-n}^{+n} \theta^\mu \varphi_1\left(\beta + \frac{2\mu\varpi i}{2n+1}\right)$$

が得られましたので，これを梃子にして，今度は $\varphi_1\beta$ を $\varphi(2n+1)\beta$ を用いて代数的に表示する式を求めます．方程式 $\theta^{2n+1}-1=0$（円周等分方程式）の虚根，すなわち実根1以外の根は全部で $2n$ 個ありますから，それらを $\theta_1, \theta_2, \cdots, \theta_{2n}$ として，これらのそれぞれに対応する A, B の値を順に $A_1, B_1, A_2, B_2, \cdots$ で表すと，次々と等式

(I) $\quad \sqrt[2n+1]{A_1+\sqrt{A_1^2-B_1^{2n+1}}} = \sum_{\mu=-n}^{+n} \theta_1^\mu \varphi_1\left(\beta+\frac{2\mu\varpi i}{2n+1}\right)$

$\quad \sqrt[2n+1]{A_2+\sqrt{A_2^2-B_2^{2n+1}}} = \sum_{\mu=-n}^{+n} \theta_2^\mu \varphi_1\left(\beta+\frac{2\mu\varpi i}{2n+1}\right)$

....

$\quad \sqrt[2n+1]{A_{2n}+\sqrt{A_{2n}^2-B_{2n}^{2n+1}}} = \sum_{\mu=-n}^{+n} \theta_{2n}^\mu \varphi_1\left(\beta+\frac{2\mu\varpi i}{2n+1}\right)$

が得られます.これらに加えて,次の等式も同様にして得られます.

$$\sum_{m=-n}^{+n}\sum_{\mu=-n}^{+n} \varphi\left(\beta+\frac{2m\omega}{2n+1}+\frac{2\mu\varpi i}{2n+1}\right)$$
$$= \sum_{\mu=-n}^{+n} \varphi_1\left(\beta+\frac{2\mu\varpi i}{2n+1}\right)$$

左辺の和は一般等分方程式

$$\varphi(2n+1)\beta = \frac{P_{2n+1}}{Q_{2n+1}}$$

の根の総和です.そこでこの方程式を x の降冪の順に書き下し,x の $(2n+1)^2-1$ 次の項の係数を観察すれば,根と係数の関係により上記の和の数値が求められます.アーベルは少し後にこれを実行し,この和は $(2n+1)\varphi(2n+1)\beta$ に等しいことを示しましたが,ここではひとまずそれを認めることにして計算を進めたいと思います.

上記の $2n$ 個の式(I)の第 1 式に θ_1^{-k},第 2 式に θ_2^{-k},第 3 式に θ_3^{-k},…,第 $2n$ 番目の式に θ_{2n}^{-k} を乗じ,それらの式と,もうひとつの式

$$(2n+1)\varphi(2n+1)\beta = \sum_{\mu=-n}^{+n} \varphi_1\left(\beta+\frac{2\mu\varpi i}{2n+1}\right)$$

をすべて加えると,

$$\sum_{\mu=-n}^{+n} (1+\theta_1^{\mu-k}+\theta_2^{\mu-k}+\cdots+\theta_{2n}^{\mu-k})\varphi_1\Bigl(\beta+\frac{2\mu\varpi i}{2n+1}\Bigr)$$
$$=(2n+1)\varphi(2n+1)\beta+\sum_{\mu=1}^{2n}\theta_\mu^{-k}\sqrt[2n+1]{A_\mu+\sqrt{A_\mu^2-B_\mu^{2n+1}}}$$

となります．ここで，和 $1+\theta_1^{\mu-k}+\theta_2^{\mu-k}+\cdots+\theta_{2n}^{\mu-k}$ は $k=\mu$ のときは $2n+1$ となりますが，その場合を除いてすべての k に対して 0 となります．したがって，上記の等式の左辺は

$$(2n+1)\varphi_1\Bigl(\beta+\frac{2k\varpi i}{2n+1}\Bigr)$$

となります．そこで，この値を代入して，その後に $2n+1$ で割ると，等式

$$\varphi_1\Bigl(\beta+\frac{2k\varpi i}{2n+1}\Bigr)=\varphi(2n+1)\beta$$
$$+\frac{1}{2n+1}(\theta_1^{-k}\sqrt[2n+1]{A_1+\sqrt{A_1^2-B_1^{2n+1}}}$$
$$+\theta_2^{-k}\sqrt[2n+1]{A_2+\sqrt{A_2^2-B_2^{2n+1}}}+\cdots$$
$$+\theta_{2n}^{-k}\sqrt[2n+1]{A_{2n}+\sqrt{A_{2n}^2-B_{2n}^{2n+1}}})$$

が生じます．$k=0$ と置くと，

$$\varphi_1\beta=\varphi(2n+1)\beta$$
$$+\frac{1}{2n+1}(\sqrt[2n+1]{A_1+\sqrt{A_1^2-B_1^{2n+1}}}$$
$$+\sqrt[2n+1]{A_2+\sqrt{A_2^2-B_2^{2n+1}}}+\cdots$$
$$+\sqrt[2n+1]{A_{2n}+\sqrt{A_{2n}^2-B_{2n}^{2n+1}}})$$

となります．これで $\varphi_1\beta$ を表示する式が得られましたが，この式は $\varphi(2n+1)\beta$ に対して加減乗除の4演算と「冪根を取る」という演算を繰り返し適用することにより組み立てられています．言い換えると，$\varphi(2n+1)\beta$ の代数的表示式です．

$\varphi_1\beta$ から $\varphi\beta$ へ

$\varphi_1\beta$ の表示式に続いて,アーベルはそれを用いて $\varphi\beta$ を表示する式の探索に移ります.まず二つの式

$$\psi_2\beta = \sum_{m=-n}^{+n} \theta^m \varphi\left(\beta + \frac{2m\omega}{2n+1}\right),$$

$$\psi_3\beta = \sum_{m=-n}^{+n} \theta^m \varphi\left(\beta - \frac{2m\omega}{2n+1}\right)$$

と置きます.加法定理により,

$$\varphi\left(\beta \pm \frac{2m\omega}{2n+1}\right) = \frac{\varphi\beta \cdot f\left(\frac{2m\omega}{2n+1}\right) F\left(\frac{2m\omega}{2n+1}\right) \pm f\beta \cdot F\beta \cdot \varphi\left(\frac{2m\omega}{2n+1}\right)}{1 + e^2 c^2 \varphi^2\left(\frac{2m\omega}{2n+1}\right)\varphi^2\beta}$$

と表示されますので,これを $\psi_2\beta, \psi_3\beta$ に代入すると,r と s は $\varphi\beta$ の有理関数として,

$$\psi_2\beta = r + f\beta \cdot F\beta \cdot s,$$
$$\psi_3\beta = r - f\beta \cdot F\beta \cdot s$$

という形に表されることがわかります.さらに計算を進めると,積 $\psi_2\beta \cdot \psi_3\beta$ とそれぞれの $2n+1$ 次の冪の和 $(\phi_2\beta)^{2n+1}+(\psi_3\beta)^{2n+1}$ は $\varphi\beta$ の有理関数であることもわかります.そこで,これらを

$$\psi_2\beta \cdot \psi_3\beta = \chi(\varphi\beta)$$
$$(\psi_2\beta)^{2n+1}+(\psi_3\beta)^{2n+1} = \chi_1(\varphi\beta)$$

と置きます.

アーベルは,これらの二つの有理関数は $\varphi_1\beta$ に関する有理式であることを次のようにして示しました.少し前に $\varphi\left(\beta \pm \frac{2m\omega}{2n+1}\right)$ に対して加法定理を適用して,これを $\varphi\beta$ の有理式の形に表示しましたが,それを見ると,

$$\varphi_1\beta = \varphi\beta + \sum_{m=1}^{n} \frac{2\varphi\beta \cdot f\left(\frac{2m\omega}{2n+1}\right) F\left(\frac{2m\omega}{2n+1}\right)}{1 + e^2 c^2 \varphi^2\left(\frac{2m\omega}{2n+1}\right)\varphi^2\beta}$$

という表示式が得られます．$\varphi\beta = x$ と置くと，この式は

(Ⅱ) $$\varphi_1\beta = x + \sum_{m=1}^{n} \frac{2x \cdot f(\frac{2m\omega}{2n+1})F(\frac{2m\omega}{2n+1})}{1+e^2c^2\varphi^2(\frac{2m\omega}{2n+1})x^2}$$

という形になり，x に関する次数 $2n+1$ の代数方程式が生じます．

この方程式の根のひとつは $x = \varphi\beta$ ですが，β の代りに $\beta + \frac{2k\omega}{2n+1}$ を用いても $\varphi_1\beta$ の値は変らないのですから，すべての k に対して，$x = \varphi\left(\beta + \frac{2k\omega}{2n+1}\right)$ もまた根です．k に対して $-n$ から $+n$ までの整数値を与えると，対応して，相異なる $2n+1$ 個の値 $\varphi\left(\beta + \frac{2k\omega}{2n+1}\right)$ が得られますが，これらの値は上記の方程式の根のすべてです．

ここまでを準備しておいて，$\psi_2\beta$ を定める式において β のところに $\beta + \frac{2k\omega}{2n+1}$ を代入して式変形を行なうと，

$$\psi_2\left(\beta + \frac{2k\omega}{2n+1}\right) = \sum_{m=-n}^{+n} \theta^m \varphi\left(\beta + \frac{2(k+m)\omega}{2n+1}\right)$$
$$= \theta^{-k}\psi_2\beta + \sum_{m=1}^{k} \theta^{m+n-k}\varphi\left(\beta + \frac{2(m+n)\omega}{2n+1}\right)$$
$$- \sum_{m=1}^{k} \theta^{m-n-1-k}\varphi\left(\beta + \frac{2(m-n-1)\omega}{2n+1}\right)$$

という等式が導かれます．ここで，数列 $\{f(m)\}$ の総和の順序を変えて成立する等式

$$\sum_{m=-n}^{+n} f(m+k) = \sum_{m=-n}^{+n} f(m) + \sum_{m=1}^{k} [f(m+n) - f(m-n-1)]$$

を用いました（第 9 章参照）．ここで，$\theta^{m+n-k} = \theta^{m-n-1-k}$ およ

び $\varphi\left(\beta+\dfrac{2(m-n-1)\omega}{2n+1}\right) = \varphi\left(\beta+\dfrac{2(m+n)\omega}{2n+1}\right)$ が成立することに留意すると，等式

$$\psi_2\left(\beta+\frac{2k\omega}{2n+1}\right) = \theta^{-k}\psi_2\beta$$

が得られます．

同様にして，等式

$$\psi_3\left(\beta+\frac{2k\omega}{2n+1}\right) = \theta^{+k}\psi_3\beta$$

も得られます．

こうして得られた二つの等式により，$\chi(\varphi\beta)$ $\chi_1(\varphi\beta)$ に対して，等式

$$\chi\left(\varphi\left(\beta+\frac{2k\omega}{2n+1}\right)\right) = \chi(\varphi\beta)$$

$$\chi_1\left(\varphi\left(\beta+\frac{2k\omega}{2n+1}\right)\right) = \chi_1(\varphi\beta)$$

が成立することがわかります．それゆえ，等式

$$\chi(\varphi\beta) = \frac{1}{2n+1}\sum_{k=-n}^{+n} \chi\left(\varphi\left(\beta+\frac{2k\omega}{2n+1}\right)\right)$$

$$\chi_1(\varphi\beta) = \frac{1}{2n+1}\sum_{k=-n}^{+n} \chi_1\left(\varphi\left(\beta+\frac{2k\omega}{2n+1}\right)\right)$$

が成立しますが，どちらの等式を見ても，右辺は方程式IIのすべての根の対称式ですから，根と係数の関係により，その方程式の係数を用いて有理的に表されます．そこで，

$$\chi(\varphi\beta) = D, \quad \chi_1(\varphi\beta) = 2C$$

と置くと，$\psi_2\beta \cdot \psi_3\beta = D$, $(\psi_2\beta)^{2n+1}+(\psi_3\beta)^{2n+1} = 2C$ となります．これを解くと，表示式

$$\psi_2\beta = \sqrt[2n+1]{C+\sqrt{C^2-D^{2n+1}}}$$

すなわち

$$\sqrt[2n+1]{C+\sqrt{C^2-D^{2n+1}}} = \sum_{m=-n}^{+n} \theta^m \varphi\Big(\beta + \frac{2m\omega}{2n+1}\Big)$$

が得られます．

θ の代りに θ_μ を用い，C と D の対応する値をそれぞれ C_μ, D_μ で表すと，等式

$$\theta_\mu^{-k} \sqrt[2n+1]{C_\mu + \sqrt{C_\mu^2 - D_\mu^{2n+1}}} = \sum_{m=-n}^{+n} \theta_\mu^{m-k} \varphi\Big(\beta + \frac{2m\omega}{2n+1}\Big)$$

が導かれます．これらの総和を作り，さらにもうひとつの等式

$$\varphi_1 \beta = \sum_{m=-n}^{+n} \varphi\Big(\beta + \frac{2m\omega}{2n+1}\Big)$$

を加えると，等式

$$(2n+1)\cdot \varphi\Big(\beta + \frac{2k\omega}{2n+1}\Big) = \varphi_1\beta + \sum_{\mu=1}^{2n} \theta_\mu^{-k} \sqrt[2n+1]{C_\mu + \sqrt{C_\mu^2 - D_\mu^{2n+1}}}$$

が生じますが，ここで $k=0$ と取ると，$\varphi\beta$ の表示式

$$\varphi\beta = \frac{1}{2n+1}(\varphi_1\beta + \sqrt[2n+1]{C_1 + \sqrt{C_1^2 - D_1^{2n+1}}} + \cdots + \sqrt[2n+1]{C_{2n} + \sqrt{C_{2n}^2 - D_{2n}^{2n+1}}})$$

が得られます．

この式の右辺は，$\varphi_1\beta$ の代数的表示式ですが，既述のように $\varphi_1\beta$ は $\varphi(2n+1)\beta$ の代数的表示式ですから，$\varphi\beta$ もまた $\varphi(2n+1)\beta$ を用いて代数的に表示されます．β として $\frac{\alpha}{2n+1}$ を取ると，これで，$\varphi\Big(\frac{\alpha}{2n+1}\Big)$ は $\varphi\alpha$ を用いて代数的に表示されることが明らかになりました．

同様の計算を遂行すると，$f\Big(\frac{\alpha}{2n+1}\Big)$ は $f\alpha$ を用いて代数的に表示されること，および $F\Big(\frac{\alpha}{2n+1}\Big)$ は $F\alpha$ を用いて代数的に

表示されることがわかります．

これで一般等分方程式は代数的に解けることが明らかになりました．計算が長々と続きましたが，特に複雑というわけではなく，計算の手順は非常に平明で，何よりも道筋が明快です．構成的というか，代数的可解性を示すのに，アーベルは実際に根の代数的表示式を書き下しました．

「不可能の証明」，すなわち，「次数が4をこえる一般代数方程式を代数的に解くことはできない」ことを示す場合にも，アーベルは，代数的に解けるとした場合を想定し，その場合に根を表示する代数的表示式のあるべき姿を具体的に書き表して，その式の観察の中から矛盾を引き出しました．アーベルの数学的思索の特徴がよく現れています．

二つの周期等分値

一般等分方程式の代数的可解性が明らかになり，$\varphi\left(\dfrac{\alpha}{2n+1}\right)$ を表す $\varphi\alpha$ の代数的表示式が見つかりましたが，そこには $\varphi\alpha$ 以外にも，下記のようないくつかの特別の定量が含まれています．

$$e,\ c,\ \theta,$$
$$\varphi\left(\frac{m\omega}{2n+1}\right),\ \varphi\left(\frac{m\varpi i}{2n+1}\right),\ f\left(\frac{m\omega}{2n+1}\right),$$
$$f\left(\frac{m\varpi i}{2n+1}\right),\ F\left(\frac{m\omega}{2n+1}\right),\ F\left(\frac{m\varpi i}{2n+1}\right)$$

ここで，m は1から $2n$ までの任意の整数値を表しています．e と c は楕円積分（ルジャンドルのいう楕円関数）のモジュールと呼ばれる定量です．

倍角の公式により，2以上の m に対し，$\varphi\left(\dfrac{m\omega}{2n+1}\right)$, $f\left(\dfrac{m\omega}{2n+1}\right)$,

$F\left(\dfrac{m\omega}{2n+1}\right)$ は $\varphi\left(\dfrac{\omega}{2n+1}\right)$ に関して代数的に表示されます．また，$\varphi\left(\dfrac{m\varpi i}{2n+1}\right)$, $f\left(\dfrac{m\varpi i}{2n+1}\right)$, $F\left(\dfrac{m\varpi i}{2n+1}\right)$ は $\varphi\left(\dfrac{\varpi i}{2n+1}\right)$ に関して代数的に表示されます．それゆえ，$\varphi\left(\dfrac{\alpha}{2n+1}\right)$ を表す代数的表示式において，二つの定量 $\varphi\left(\dfrac{\omega}{2n+1}\right)$, $\varphi\left(\dfrac{\varpi i}{2n+1}\right)$ 以外のすべての量が既知量になります．そこで，これらの量を決定することが次の課題として浮上しますが，どちらも代数方程式

$$\frac{P_{2n+1}}{x} = 0$$

の根です．これが**特殊等分方程式**もしくは**周期等分方程式**です．

周期等分方程式という呼称は，二つの定量 $\varphi\left(\dfrac{\omega}{2n+1}\right)$, $\varphi\left(\dfrac{\varpi i}{2n+1}\right)$ が楕円関数 $\varphi\alpha$ の周期 ω, ϖi の $2n+1$ 等分点 $\dfrac{\omega}{2n+1}$, $\dfrac{\varpi i}{2n+1}$ における値を表していることに由来します．

方程式 $P_{2n+1} = 0$

特殊等分方程式について，もう少し正確に話してみます．方程式 $P_{2n+1} = 0$ の根は，m と μ は $-n$ から $+n$ までのすべての整数として，

$$x = \varphi\left(\frac{m\omega + \mu\varpi i}{2n+1}\right)$$

で表されます．方程式 $P_{2n+1} = 0$ の次数は $(2n+1)^2$ です．これらの根のうち，$m = 0$, $\mu = 0$ に対応するものは 0 ですから，多項式 P_{2n+1} は x で割り切れます．そこで $R = \dfrac{P_{2n+1}}{x}$ と置くと，これは次数 $(2n+1)^2 - 1 = 4n(n+1)$ の多項式ですが，これを 0

と等置して，特殊等分方程式

$$R = 0$$

が得られます．

$x^2 = r$ と置くと，方程式 $R = 0$ は r に関する方程式になります．その次数は $\dfrac{4n(n+1)}{2} = 2n(n+1)$ で，根は

$$r = \varphi^2\left(\frac{m\omega \pm \mu\varpi i}{2n+1}\right)$$

で表されます．

目標は方程式 $R = 0$ を解くことですが，この方程式の解法は次数 n の方程式と次数 $2n+2$ の方程式の解法に帰着されます．アーベルによる楕円関数の等分方程式論の核心が，このあたりにあります．

これを示すために，アーベルは方程式 $R = 0$ の根 r のすべてを，n 個ずつ，$2n+2$ 個のグループ

$$\varphi^2\left(\frac{m\omega}{2n+1}\right) \ (m = 1, 2, \cdots, n)$$

$$\varphi^2\left(m \cdot \frac{\varpi i}{2n+1}\right) \ (m = 1, 2, \cdots, n)$$

$$\varphi^2\left(m \cdot \frac{\omega + \varpi i}{2n+1}\right) \ (m = 1, 2, \cdots, n)$$

$$\cdots\cdots\cdots\cdots$$

$$\varphi^2\left(m \cdot \frac{2n\omega + \varpi i}{2n+1}\right) \ (m = 1, 2, \cdots, n)$$

という形に表しました．第一グループの n 個の根 $\varphi^2\left(\dfrac{m\omega}{2n+1}\right)$ $(m = 1, 2, \cdots, n)$ を根にもつ n 次方程式

10. 等分方程式とモジュラー方程式

$$\left[r-\varphi^2\left(\frac{\omega}{2n+1}\right)\right]\left[r-\varphi^2\left(\frac{2\omega}{2n+1}\right)\right]\cdots\left[r-\varphi^2\left(\frac{n\omega}{2n+1}\right)\right]$$
$$= r^n + p_{n-1}r^{n-1} + p_{n-2}r^{n-2} + \cdots + p_1 r + p_0$$
$$= 0$$

を作ります．係数 $p_0, p_1, \cdots, p_{n-1}$ はどれも

$$\varphi^2\left(\frac{\omega}{2n+1}\right),\ \varphi^2\left(\frac{2\omega}{2n+1}\right),\ \cdots,\ \varphi^2\left(\frac{n\omega}{2n+1}\right)$$

(少し後に，これらの量を $r_1, r_2, \cdots, r_n$ で表します．) の対称式ですが，これらの量は次数 $2n+2$ の方程式を解くことにより見つけることができます．

他の n 個の根のグループについても同様です．

これを示すために，一般に $\omega' = m\omega + \mu\varpi i$ と置いて，p は

$$\varphi^2\left(\frac{\omega'}{2n+1}\right),\ \varphi^2\left(\frac{2\omega'}{2n+1}\right),\ \cdots,\ \varphi^2\left(\frac{n\omega'}{2n+1}\right)$$

の有理対称式とします．倍角の公式により，$\varphi^2\left(\frac{m'\omega'}{2n+1}\right)$ は $\varphi^2\left(\frac{\omega'}{2n+1}\right)$ の有理関数として表されますから，p もまたそのように表示されます．それゆえ，ψ は有理式，θ は有理対称式として，

$$p = \psi\left[\varphi^2\left(\frac{\omega'}{2n+1}\right)\right]$$
$$= \theta\left[\varphi^2\left(\frac{\omega'}{2n+1}\right),\ \varphi^2\left(\frac{2\omega'}{2n+1}\right),\ \cdots,\ \varphi^2\left(\frac{n\omega'}{2n+1}\right)\right]$$

という形の等式が得られます．ω' のところに $\nu\omega'$ を代入すると，

$$p = \psi\left[\varphi^2\left(\frac{\nu\omega'}{2n+1}\right)\right]$$
$$= \theta\left[\varphi^2\left(\frac{\nu\omega'}{2n+1}\right),\ \varphi^2\left(\frac{2\nu\omega'}{2n+1}\right),\ \cdots,\ \varphi^2\left(\frac{n\nu\omega'}{2n+1}\right)\right]$$

となります．

ここで，$\nu, 2\nu, \cdots, n\nu$ のそれぞれを $2n+1$ で割ると，
$$a\nu = (2n+1)k'_a + k_a \quad (k_a \text{ は整数.} \ -n \leq k_a \leq n)$$
という形の等式が得られますが，系列 $k_1, k_2, \cdots, k_n$ は，符号は別にして，全体として $1, 2, 3, \cdots, n$ と一致します．それゆえ，
$$\theta\left[\varphi^2\left(\frac{\nu\omega'}{2n+1}\right), \ \varphi^2\left(\frac{2\nu\omega'}{2n+1}\right), \ \cdots, \ \varphi^2\left(\frac{n\nu\omega'}{2n+1}\right)\right]$$
$$= \theta\left[\varphi^2\left(\frac{\omega'}{2n+1}\right), \ \varphi^2\left(\frac{2\omega'}{2n+1}\right), \ \cdots, \ \varphi^2\left(\frac{n\omega'}{2n+1}\right)\right]$$
となります．これを言い換えると，等式
$$\psi\left[\varphi^2\left(\frac{\nu\omega'}{2n+1}\right)\right] = \psi\left[\varphi^2\left(\frac{\omega'}{2n+1}\right)\right]$$
が成立するということにほかなりません．ここで，$\omega' = \omega$, $\omega' = m\omega + \varpi i$ と置くと，二つの等式
$$\psi\left[\varphi^2\left(\frac{\nu\omega}{2n+1}\right)\right] = \psi\left[\varphi^2\left(\frac{\omega}{2n+1}\right)\right]$$
$$\psi\left[\varphi^2\left(\nu\frac{m\omega + \varpi i}{2n+1}\right)\right] = \psi\left[\varphi^2\left(\frac{m\omega + \varpi i}{2n+1}\right)\right]$$
が得られます．

表示を簡易化する

表記を簡明にするために，
$$\varphi^2\left(\frac{\nu\omega}{2n+1}\right) = r_\nu, \ \varphi^2\left(\nu\frac{m\omega + \varpi i}{2n+1}\right) = r_{\nu, m}$$
と置くと，
$$\psi r_\nu = \psi r_1, \quad \psi r_{\nu, m} = \psi r_{1, m}$$
となります．量 $r_\nu, r_{\nu, m}$ を全部並べると，
$$r_1, r_2, \cdots, r_n; r_{1,0}, r_{2,0}, \cdots, r_{n,0}; \cdots; r_{1,2n}, r_{2,2n}, \cdots, r_{n,2n}$$
となりますが，これらは方程式 $R = 0$ の $n(2n+2)$ 個の根のすべてです．

10. 等分方程式とモジュラー方程式

このように諸記号を定めておいて,

$$(p-\psi r_1)(p-\psi r_{1,0})(p-\psi r_{1,1})(p-\psi r_{1,2})\cdots(p-\psi r_{1,2n})$$
$$= q_0 + q_1 \cdot p + q_2 \cdot p^2 + \cdots + q_{2n+1} \cdot p^{2n+1} + p^{2n+2}$$
$$= 0$$

と置くとき,係数 $q_0, q_1, q_2, \cdots, q_{2n+1}$ は e と c を用いて有理的に表されます.

これらの係数は根の基本対称式ですが,それらは根の冪和

$$t_k = (\psi r_1)^k + (\psi r_{1,0})^k + (\psi r_{1,1})^k + \cdots$$
$$+ (\psi r_{1,2n})^k \quad (k=1,2,\cdots,2n+2)$$

を用いて有理的に表されます.したがって,これらの冪和が e と c を用いて有理的に表されること示せばよいことになります.

関係式 $\psi r_\nu = \psi r_1$, $\psi r_{\nu,m} = \psi r_{1,m}$ により,

$$(\psi r_1)^k = \frac{1}{n}\{(\psi r_1)^k + (\psi r_2)^k + \cdots + (\psi r_n)^k\}$$

$$(\psi r_{1,m})^k = \frac{1}{n}\{(\psi_{1,m})^k + (\psi r_{2,m})^k + \cdots$$
$$+ (\psi r_{n,m})^k\} \quad (m=0,1,2,\cdots,2n)$$

となります.そこでこれらの式をすべて加えると,

$$n \cdot t_k = (\psi r_1)^k + (\psi r_2)^k + \cdots + (\psi r_n)^k$$
$$+ (\psi_{1,0})^k + (\psi r_{2,0})^k + \cdots + (\psi r_{n,0})^k$$
$$+ (\psi_{1,1})^k + (\psi r_{2,1})^k + \cdots + (\psi r_{n,1})^k$$
$$+ \cdots\cdots\cdots$$
$$+ (\psi_{1,2n})^k + (\psi r_{2,2n})^k + \cdots + (\psi r_{n,2n})^k$$

という表示が得られますが,この式の右辺は方程式 $R=0$ の根の有理対称式ですから,この方程式の係数を用いて有理的に表されます.これを言い換えると,e と c を用いて有理的に表されるということになります.係数 $q_0, q_1, \cdots, q_{2n+1}$ は諸量 t_k を用いて有理的に表されるのですから,これで,これらの係数もまた e

と c を用いて有理的に表されることがわかりました.

モジュラー方程式

特殊等分方程式の解法という出発点に立ち返ると,ここまでのところで「何をなすべきか」が明瞭になりました. $2n(n+1)$ 個の根の全体を n 個ずつ, $2n+2$ 個のグループに区分けすると,それぞれのグループに所属する n 個の根は n 次方程式 $0 = p_0 + p_1 r + \cdots + p_{n-1} r^{n-1} + r^n$ を解くことによりみいだされます.

この方程式の係数はどうかというと,どれも, e と c の有理式を係数にもつ $2n+2$ 次方程式 $0 = q_0 + q_1 p + q_2 p^2 + \cdots + q_{2n+1} p^{2n+1} + p^{2n+2}$ を解くことにより求められます. 係数は n 個ありますから,それらに対応して n 個の $2n+2$ 次方程式を解くことになります.

こうして特殊等分方程式の解法は n 次方程式と $2n+2$ 次方程式の解法に帰着されました.

2種類の低次方程式のうち,次数が $2n+2$ のほうは**モジュラー方程式**と呼ばれています.等分方程式とは無関係のように見える名前ですが,この不思議な呼称の由来は後に明らかになります.

第11章
ガウスのように

レムニスケートの等分方程式

　$2n+1$ は奇素数として，楕円関数 $\varphi(\alpha)$ の周期 $2n+1$ 等分方程式の代数的解法を考察しているところでした．周期等分方程式には特殊等分方程式という別名がありますが，それを $P_{2n+1}=0$ とすると，$2n+1$ 等分でありながら次数は非常に高くなり，$(2n+1)^2$ になります．この現象にはガウスも早くから気づいていて，ガウスの《数学日記》の第60項目の記事は，実に，

> レムニスケート曲線を n 個の部分に分けると，なぜ次数 nn の方程式に到達するのだろうか．（註．nn は n^2 と同じです．）

というのです．1797年3月19日の記事ですから，この時点でガウスは満19歳です．

　円周の等分の場合でしたら n 等分方程式の次数は n になり，当然のことのように思われるのですが，レムニスケート曲線の n 等分方程式は n^2 次になります．いかにも不思議な現象ですが，ガウスはその理由の探索を通じて，関数の変数の変域を複素数域まで拡大しようとする方向に向かいました．レムニスケート積分の逆関数，すなわちレムニスケート関数を考察することになった

のもそのためです．

　複素変数の関数を考えるということでしたら円周等分の場合にもすでに有効で，円周等分は複素指数関数 $f(z)=e^z$ の等分方程式の解法に帰着されますが，n 等分方程式の次数が n に留まるのは関数 e^z の単純周期性，すなわちただひとつの周期 $2\pi i$ だけしか存在しないという性質に起因します．レムニスケート曲線の等分はレムニスケート積分の逆関数，すなわちレムニスケート関数の等分方程式の解法に帰着されるのですが，n 等分方程式の次数が n^2 になるのはなぜかというと，複素化されたレムニスケート関数，すなわち変数の変域が複素数域に拡大されたレムニスケート関数は2重周期をもつからです．この事実を自覚的に認識したことが，ガウスの楕円関数論の出発点になりました．

　ガウスはレムニスケートの等分方程式の可解性にも関心を寄せていました．次に挙げるのは《数学日記》の第62項目です．

> レムニスケート（曲線）は幾何学的に五つの部分に分けられる．

　幾何学的な等分というのは，定規とコンパスのみを用いて等分点を指定するという意味で，定規は直線を引くのに用い，コンパスは円を描くのに使います．この記事には1797年3月21日の日付が附されていますが，第60項目が書かれてからわずかに二日目であるという事実の印象はあまりにもめざましく，驚きを禁じえません．

　ガウスは円周等分については『アリトメチカ研究』の第7章で詳述しましたが，レムニスケートの等分に関する思索は公表せず，ただひとつだけ，『アリトメチカ研究』の第7章の序文にレムニスケート積分を書き，この積分に関連する超越関数についても

円周等分の理論と同様の理論が成立するという主旨の，わずかな文言を添えただけでした．アーベルが実際に見ることができたのはこれですべてでした．

円周等分のことは『アリトメチカ研究』第7章が参考になりますが，楕円関数についてはなにしろレムニスケート積分がぽつんと書かれているだけなのですから，はたして思索の手掛かりになりうるものでしょうか．にわかには信じがたいことではありますが，一を聞いて十を知るということもありますし，アーベルはガウスの広大な思索の断片を一瞥して，何事か，悟るところがあったのでしょう．アーベルに及ぼされたガウスの影響の深さがしのばれます．

特殊等分方程式の解法は n 次方程式と $2n+2$ 次方程式の解法に帰着される

前章で観察したように，特殊等分方程式 $P_{2n+1}=0$ に現れる多項式 P_{2n+1} は x で割り切れて，方程式 $\frac{P_{2n+1}}{x}=0$ の次数は $(2n+1)^2-1=4n(n+1)$ になります．この方程式をあらためて $R=0$ と表記すると，その根は楕円関数 $\varphi\alpha$ の特殊値の形で $r=\varphi^2\left(\dfrac{m\omega\pm\mu\varpi i}{2n+1}\right)$ と表されます．ここで，$m,\mu=0,1,\cdots,n$ ですが，根 0 は除外していますので，$m=0$ と組み合わせ可能な μ の値は $\mu=1,2,\cdots,n$，0 以外の m の n 個の値の各々に対して μ は $n+1$ 個の値 $0,1,2,\cdots,n$ を取ります．μ に附されている正負の符号を勘案すると，r の取る値は全部で $n+(2n+1)\times n=2n(n+1)$ 個となり，r に関する方程式 $R=0$ の次数と合致します．

このように諸情勢を整えたうえで，もう少し形を整えると，方

程式 $R=0$ の根は

$$\varphi^2\left(\frac{m\omega}{2n+1}\right) \ (m=1,2,\cdots,n)$$

$$\varphi^2\left(m\cdot\frac{\mu\omega+\varpi i}{2n+1}\right) \ (m=1,2,\cdots,n;\mu=0,1,2,\cdots,2n)$$

というふうに，n個ずつ$2n+2$個のグループに区分けされます．これもアーベルが示したことで，前章で見た通りです．

各々のグループに属するn個の根は，

$$0=p_0+p_1r+\cdots+p_{n-1}r^{n-1}+r^n$$

という形のn次方程式の根になります．n個の係数$p_0, p_1, \cdots, p_{n-1}$を求めるにはそれぞれ次数$2n+2$の方程式を解かなければなりませんから，全部で$n$個の方程式を解くことになりますが，実はこれらの係数はみな，どれかひとつの有理関数の形に書き表されることをアーベルは示しました．こうして特殊等分方程式$R=0$の解法は，1個の$2n+2$次方程式と$2n+2$個のn次方程式の解法に帰着されました．

n次方程式を解く（その1）

次数$2n+2$の方程式は**モジュラー方程式**で，これは代数的に解くのは一般に不可能です．円周等分方程式との分かれ道がここにあります．

代数的に解けるのは特別の条件が満たされる場合に限定されますので，可解条件の発見が新たな課題になりますが，アーベルはこの要請に応えて「楕円関数$\varphi\alpha$が虚数乗法をもつこと」という条件をみいだしました．ガウスにも見られないアーベルの独創の発露ですので，後に詳しく観察します．

特殊等分方程式の解法を支えるもうひとつの片割れの次数nの方程式のほうは代数的に解くことができ，しかもその解法はガ

ウスが円周等分方程式を解いたのとまったく同じです. 今 ω' は $2n+2$ 個の数 $\omega, \mu\omega+\varpi i$ のうちのどれかひとつを表すとして, n 個の量

$$\varphi^2\left(\frac{\omega'}{2n+1}\right), \varphi^2\left(\frac{2\omega'}{2n+1}\right),\cdots,\varphi^2\left(\frac{n\omega'}{2n+1}\right),$$

を根とする n 次方程式を

(1) $\qquad 0 = p_0 + p_1 r + p_2 r^2 + \cdots + p_{n-1} r^{n-1} + r^n$

とします. 奇数 $t = 2n+1$ としては素数を考えていますので, その**原始根** α が存在します. フェルマの小定理によると, t で割り切れない数 a に対してつねに合同式

$$a^{t-1} \equiv 1 \;(\mathrm{mod}.\, t)$$

が成立しますが, α の冪 $\alpha, \alpha^2, \alpha^3, \cdots$ を順次作っていくとき, 冪指数が $t-1$ に達する前に早々に 1 と合同になることも起りえます. そのようなことが起らないとき, すなわち冪指数が $t-1$ の冪 α^{t-1} を作ってはじめて 1 と合同になる場合, 数 α を奇素数 t の原始根と呼んでいます.

任意の奇素数に対して, その原始根が存在するのですが, この基本定理の証明にはじめて成功したのはガウスで, 『アリトメチカ研究』に記されています. ガウスは原始根に手掛かりを求めて円周等分方程式の解法に向かったのですが, そのガウスの足取りを, アーベルはそのままたどろうとしています.

n 次方程式を解く (その 2)

あらためて α は t の原始根とすると, 方程式 (1) の根の配列が変って,

$$\varphi^2(\varepsilon), \varphi^2(\alpha\varepsilon), \varphi^2(\alpha^2\varepsilon), \varphi^2(\alpha^3\varepsilon), \cdots, \varphi^2(\alpha^{n-1}\varepsilon)$$

という形になります. ここで, $\varepsilon = \dfrac{\omega'}{2n+1}$ と置きました.

これを示すために，α^m ($m=1,2,\cdots,n-1$) を $t=2n+1$ で割り，a_m を 1 と n の間に取って
$$\alpha^m = (2n+1)k_m \pm a_m$$
と置くとき，n 個の数
$$1, a_1, a_2, \cdots, a_{n-1}$$
はどの二つも異なることをまずはじめに示します．実際，もし $a_m = a_\mu$ となるとしたなら，そのとき二つの等式
$$\alpha^m - \alpha^\mu = (2n+1)(k_m - k_\mu)$$
$$\alpha^m + \alpha^\mu = (2n+1)(k_m + k_\mu)$$
のどちらかが成立します．それゆえ，二つの量 $\alpha^m - \alpha^\mu$, $\alpha^m + \alpha^\mu$ のどちらか一方は $2n+1$ で割り切れることになります．ところが，その場合，$m>\mu$ のときは $\alpha^{m-\mu}-1$ と $\alpha^{m-\mu}+1$ のどちらかが $2n+1$ で割り切れることになり，$\mu>m$ のときは $\alpha^{\mu-m}-1$ と $\alpha^{\mu-m}+1$ のどちらかが $2n+1$ で割り切れることになります．したがって，前者の場合には $\alpha^{2(m-\mu)}-1$, 後者の場合には $\alpha^{2(\mu-m)}-1$ が $2n+1$ で割り切れることになります．ところが $2(m-\mu)$ も $2(\mu-m)$ も $2n+1$ よりも小さいのですから，α が $2n+1$ の原始根であることに反しています．

これで n 個の数 $1, a_1, a_2, \cdots, a_{n-1}$ はみな異なることがわかりましたから，順序は別にすると，この系列は全体として $1, 2, \cdots, n$ と一致します．

ここで，関数 $\varphi^2(\alpha)$ の周期性により，等式
$$\varphi^2[((2n+1)k_m \pm a_m)\varepsilon] = \varphi^2(a_m \varepsilon)$$
が成立することに留意すると，n 個の量 $\varphi^2(\varepsilon), \varphi^2(\alpha\varepsilon), \varphi^2(\alpha^2\varepsilon), \varphi^2(\alpha^3\varepsilon), \cdots, \varphi^2(\alpha^{n-1}\varepsilon)$ は n 次方程式 (1) の根の全体を表していることがわかります．

先に進む前にもうひとつ，注意事項を書き留めておきます．

$\alpha^{2n}-1=(\alpha^n+1)(\alpha^n-1)$ は $2n+1$ で割り切れますが，α^n-1 のほうが $2n+1$ で割り切れることはありませんから，α^n+1 が $2n+1$ で割り切れます．それゆえ，等式
$$\alpha^n = (2n+1)k_n - 1$$
が成立することになります．これより，
$$\alpha^{n+m} = (2n+1)k_n\alpha^m - \alpha^m$$
となります．したがって $a_{m+n} = -a_m$．それゆえ，等式
$$\varphi^2(\alpha^{m+n}\varepsilon) = \varphi^2(\alpha^m\varepsilon)$$
が得られます．

ここまでのところを準備として，次の段階に進みます．

n 次方程式を解く（その 3）

1 の n 乗根，すなわち方程式 $\theta^n - 1 = 0$ の根のうち，1 以外のものを取り，式
$$\psi(\varepsilon) = \varphi^2(\varepsilon) + \varphi^2(\alpha\varepsilon)\theta + \varphi^2(\alpha^2\varepsilon)\theta^2 + \cdots + \varphi^2(\alpha^{n-1}\varepsilon)\theta^{n-1}$$
を作ります．方程式 (1) の n 個の根と 1 の n 乗根を用いて組み立てられる式ですが，このような形の式をはじめて提案したラグランジュにちなんで，**ラグランジュの分解式**と呼ばれることがあります．関数 $\varphi(\alpha)$ の倍角の公式により，$\varphi^2(\alpha\varepsilon)$, $\varphi^2(\alpha^2\varepsilon), \cdots, \varphi^2(\alpha^{n-1}\varepsilon)$ は $\varphi^2(\varepsilon)$ の有理式として表されますから，式 $\psi(\varepsilon)$ そのものもまた $\varphi^2(\varepsilon)$ の有理式の形になります．そこで，$\chi(\alpha)$ は α の有理式として，
$$\psi(\varepsilon) = \chi(\varphi^2(\varepsilon))$$
と置くことにします．

式 $\psi(\varepsilon)$ において，ε を $\alpha^m\varepsilon$ で置き換えると，

$$\psi(\alpha^m \varepsilon) = \varphi^2(\alpha^m \varepsilon) + \varphi^2(\alpha^{m+1}\varepsilon)\theta + \varphi^2(\alpha^{m+2}\varepsilon)\theta^2 + \cdots$$
$$+ \varphi^2(\alpha^{n-1}\varepsilon)\theta^{n-m-1} + \varphi^2(\alpha^n \varepsilon)\theta^{n-m} + \cdots$$
$$+ \varphi^2(\alpha^{n+m-1}\varepsilon)\theta^{n-1}$$

となりますが，前述のように $\varphi^2(\alpha^{n+m}\varepsilon) = \varphi^2(\alpha^m \varepsilon)$ となることに留意して変形すると，

$$\psi(\alpha^m \varepsilon) = \theta^{n-m}\varphi^2(\varepsilon) + \theta^{n-m+1}\varphi^2(\alpha\varepsilon) + \theta^{n-m+2}\varphi^2(\alpha^2\varepsilon) + \cdots$$
$$+ \theta^{n-1}\varphi^2(\alpha^{m-1}\varepsilon) + \varphi^2(\alpha^m \varepsilon) + \theta\varphi^2(\alpha^{m+1}\varepsilon) + \cdots$$
$$+ \theta^{n-m-1}\varphi^2(\alpha^{n-1}\varepsilon)$$

となります．このようにしておいて両辺に θ^m を乗じると，右辺は $\psi(\varepsilon)$ になります．

これで，等式

$$\psi(\alpha^m \varepsilon) = \theta^{-m}\psi(\varepsilon)$$

すなわち，等式

$$\psi(\varepsilon) = \theta^m \chi[\varphi^2(\alpha^m \varepsilon)]$$

が得られます．両辺の n 乗を作り，$\theta^{mn} = 1$ に留意すると，等式

$$[\psi(\varepsilon)]^n = [\chi(\varphi^2(\alpha^m \varepsilon))]^n$$

が確立されます．

m には n 個の値 $0, 1, 2, \cdots, n-1$ が割り当てられますから，全部で n 個の等式が与えられます．それらを加えると，等式

$$n(\psi(\varepsilon))^n = [\chi(\varphi^2(\varepsilon))]^n + [\chi(\varphi^2(\alpha\varepsilon))]^n$$
$$+ [\chi(\varphi^2(\alpha^2\varepsilon))]^n + \cdots + [\chi(\varphi^2(\alpha^{n-1}\varepsilon))]^n$$

が得られますが，この等式の右辺は n 個の量 $\varphi^2(\varepsilon), \varphi^2(\alpha\varepsilon), \cdots, \varphi^2(\alpha^{n-1}\varepsilon)$ の有理対称式です．ところが，これらの量は方程式(1)の根ですから，根と係数の関係により，$[\psi(\varepsilon)]^n$ は方程式(1)の係数 $p_0, p_1, p_2, \cdots, p_{n-1}$ を用いて有理的に表されます（実際には，これらの量のひとつがわかれば，他の量はその量の有理式

の形に表されます．アーベルはこの事実を確認しています）．その有理式を v とすると，その n 乗根は

(2) $\qquad \sqrt[n]{v} = \varphi^2(\varepsilon) + \theta\varphi^2(\alpha\varepsilon) + \cdots + \theta^{n-1}\varphi^2(\alpha^{n-1}\varepsilon)$

と表示されます．

θ は 1 の n 乗根のうち，1 以外のものでしたが，$\theta = \cos\left(\dfrac{2\pi}{n}\right) + i\sin\left(\dfrac{2\pi}{n}\right)$ と取ると，1 以外の 1 の n 乗根は

$$\theta, \theta^2, \cdots, \theta^{n-1}$$

で表されます．そこで一般表示式 (2) において，θ として次々と $\theta, \theta^2, \cdots, \theta^{n-1}$ を取り，それらに対応する v の値を $v_1, v_2, \cdots, v_{n-1}$ で表すと，$n-1$ 個の等式

$$\sqrt[n]{v_1} = \varphi^2(\varepsilon) + \theta\varphi^2(\alpha\varepsilon) + \cdots + \theta^{n-1}\varphi^2(\alpha^{n-1}\varepsilon)$$
$$\sqrt[n]{v_2} = \varphi^2(\varepsilon) + \theta^2\varphi^2(\alpha\varepsilon) + \cdots + \theta^{2n-2}\varphi^2(\alpha^{n-1}\varepsilon)$$
$$\cdots\cdots\cdots\cdots$$
$$\sqrt[n]{v_{n-1}} = \varphi^2(\varepsilon) + \theta^{n-1}\varphi^2(\alpha\varepsilon) + \cdots + \theta^{(n-1)^2}\varphi^2(\alpha^{n-1}\varepsilon)$$

が生じます．また，方程式 (1) の根と係数の関係により，等式

$$-p_{n-1} = \varphi^2(\varepsilon) + \varphi^2(\alpha\varepsilon) + \cdots + \varphi^2(\alpha^{n-1}\varepsilon)$$

が成立します．これらの n 個の等式を組み合わせると，$\varphi^2(\alpha^m\varepsilon)$ の表示式

$$\varphi^2(\alpha^m\varepsilon)$$
$$= \frac{1}{n}(-p_{n-1} + \theta^{-m}\sqrt[n]{v_1}$$
$$\qquad + \theta^{-2m}\sqrt[n]{v_2} + \theta^{-3m}\sqrt[n]{v_3} + \cdots \theta^{-(n-1)m}\sqrt[n]{v_{n-1}})$$

が導かれます．特に $m=0$ に対しては，

(3) $\quad \varphi^2(\varepsilon) = \dfrac{1}{n}(-p_{n-1} + \sqrt[n]{v_1} + \sqrt[n]{v_2} + \cdots + \sqrt[n]{v_{n-1}})$

という表示式が得られます．

n 次方程式を解く（その4）

表示式 (3) の右辺において，$n-1$ 個の n 乗根 $\sqrt[n]{v_1}, \sqrt[n]{v_2}, \cdots,$ $\sqrt[n]{v_{n-1}}$ の各々は n 個の値を表していますから，すべての値を合わせると n 個を大きく越えてしまいます．それらの値の間には方程式 (1) の根のすべてが含まれているのですが，これでは余分な値が多すぎますので，もう少し工夫して方程式 (1) の n 個の根だけを表すようにしたいところです．

これを遂行するために，アーベルはまず，式

$$s_k = \frac{\sqrt[n]{v_k}}{(\sqrt[n]{v_1})^k}$$

を作りました．この式において ε の代りに $\alpha^m \varepsilon$ を用いると，$\sqrt[n]{v_k}$ は $\theta^{-km}\sqrt[n]{v_k}$ に変り，$\sqrt[n]{v_1}$ は $\theta^{-m}\sqrt[n]{v_1}$ に変りますから，s_k は

$$\frac{\theta^{-km}\sqrt[n]{v_k}}{(\theta^{-m}\sqrt[n]{v_1})^k} = \frac{\sqrt[n]{v_k}}{(\sqrt[n]{v_1})^k}$$

に変ることになりますが，これを見ると，ε の代りに $\alpha^m \varepsilon$ を用いても s_k の値は不変であることがわかります．

s_k は $\varphi^2(\varepsilon)$ の有理式ですから，これを $\lambda[\varphi^2(\varepsilon)]$ で表すと，すべての整数 m に対して，等式

$$s_k = \lambda[\varphi^2(\alpha^m \varepsilon)]$$

が成立することがわかりました．

ここから先は，前に等式 $[\psi(\varepsilon)]^n = [\chi(\varphi^2(\alpha^m \varepsilon))]^n$ を確立したときと同様に進みます．m のすべての値 $m = 0, 1, 2, \cdots, n-1$ に対して n 個の等式 $s_k = \lambda[\varphi^2(\alpha^m \varepsilon)]$ を作り，それらをすべて加えると，等式

$$ns_k = \lambda[\varphi^2(\varepsilon)] + \lambda[\varphi^2(\alpha\varepsilon)]$$
$$+ \lambda[\varphi^2(\alpha^2 \varepsilon)] + \cdots + \lambda[\varphi^2(\alpha^{n-1}\varepsilon)]$$

が得られますが，右辺は方程式 (1) の n 個の根の有理対称式で

すから，係数 $p_0, p_1, p_2, \cdots, p_{n-1}$ の有理式の形に表されます（実際にはこれらの係数のどれかひとつの有理式になります）．それゆえ，s_k もまたそのような形に表されます．これで s_k は既知となりました．

既知となった s_k を用いて，$\sqrt[n]{v_k} = s_k (\sqrt[n]{v_1})^k$ と表されます．これを，前に得られた $\varphi^2(\alpha^m \varepsilon)$ の表示式に代入すると，v_1 の代わりに v を用いて，

$$\varphi^2(\alpha^m \varepsilon) = \frac{1}{n}(-p_{n-1} + \theta^{-m} v^{\frac{1}{n}} + s_2 \theta^{-2m} v^{\frac{2}{n}} + \cdots$$
$$+ s_{n-1} \theta^{-(n-1)m} v^{\frac{n-1}{n}})$$

となります．ここで $m = 0$ と置くと，

$$\varphi^2(\varepsilon) = \frac{1}{n}(-p_{n-1} + v^{\frac{1}{n}} + s_2 v^{\frac{2}{n}} + s_3 v^{\frac{3}{n}} + \cdots + s_{n-1} v^{\frac{n-1}{n}})$$

という，きれいな表示式が得られます．v の n 乗根 $v^{\frac{1}{n}}$ には n 個の値が包含されていて，それらの各々に対応して $\varphi^2(\varepsilon)$ の n 個の値が生じますが，それらは全体として方程式 (1) の根に一致します．

巡回方程式

これで方程式 (1) が解けたのですが，この解き方を振り返ると，係数を用いて根を表示する代数的な式が直接書き下されているところに目が留まり，鮮明な印象が心に刻まれます．代数的に解けるか否かが問題になっているのですが，観念的に考察するのではなく，根の表示式を実際に構成してみせるところに，数学に向かうアーベルの姿勢がはっきりと現れています．

「不可能の証明」，すなわち「次数が4を越える一般代数方程式は代数的に解くことはできない」という事実の証明の際にも，

アーベルは構成的な道筋に沿って進みました．もし代数的に解けるとすれば，根を表示する代数的式が存在することになりますが，アーベルはその表示式の形を書き下し，そこから矛盾を導き出しました．

方程式 (1) の解法を見て，もうひとつ，考えておかなければならないことがあります．アーベルはこの解法をガウスの手順にならったと言っていますので，その意味を考えたいのですが，アーベルが洞察したガウスの秘密は「根の配列」にあります．アーベルは奇数 $2n+1$ の原始根 α を用いて方程式 (1) の根を

$$\varphi^2(\varepsilon), \varphi^2(\alpha\varepsilon), \varphi^2(\alpha^2\varepsilon), \varphi^2(\alpha^2\varepsilon), \cdots, \varphi^2(\alpha^{n-1}\varepsilon)$$

と配列したのですが，これによって方程式 (1) は**巡回方程式**であることがわかります．実際，楕円関数 $\varphi(\alpha)$ の倍角の公式により，$\varphi^2(\alpha\varepsilon)$ は $\varphi^2(\varepsilon)$ を用いて有理的に表されます．その有理式を

$$\varphi^2(\alpha\varepsilon) = f(\varphi^2(\varepsilon))$$

と置くと，次々と

$$\varphi^2(\alpha^2\varepsilon) = f(\varphi^2(\alpha\varepsilon)) = f(f(\varphi^2\varepsilon))$$
$$\varphi^2(\alpha^3\varepsilon) = f(\varphi^2(\alpha^2\varepsilon)) = f(f(\varphi(\varepsilon)))$$
$$= f(f(f(\varphi^2(\varepsilon))))$$
$$\cdots\cdots\cdots\cdots$$
$$\varphi^2(\alpha^{n-1}\varepsilon) = f(\varphi^2(\alpha^{k-1}\varepsilon)) = \cdots$$
$$= f(f(\cdots f(\varphi^2(\varepsilon))))$$

(有理式 $f(x)$ の合成を $n-1$ 回まで繰り返します．)

という表示が得られます．方程式 (1) の根の間にはこのような関係が認められるのですが，この事実を指して，後年，方程式 (1) は巡回方程式であると言われるようになりました．

巡回方程式の最初の例は円周等分方程式ですが，この事実を

発見したのはガウスで，アーベルはそのガウスにならって方程式 (1) を解きました．巡回方程式であることさえ洞察すれば，ここから先の足取りは式変形の繰り返しにすぎません．アーベルに及ぼされたガウスの影響，言い換えると，アーベルが見抜いたガウスの秘密はこのようなものでした．

モジュラー方程式の代数的可解性をめぐって

n 次方程式 (1) は代数的に解けることがわかりましたので，その n 個の係数 $p_0, p_1, p_2, \cdots, p_{n-1}$ の各々が満たす $2n+2$ 次方程式，すなわちモジュラー方程式が代数的に可解であれば，それで特殊等分方程式の代数的可解性が明らかになったことになります．これらの係数は互いに無関係ではなく，どれかひとつを既知とすれば，残りの係数はそれを用いて有理的に書き表されることがわかりますので（アーベルはこれを確認しています），解かなければならないモジュラー方程式は事実上ひとつしかありません．すなわち，可解性を検討するべきモジュラー方程式はただひとつです．そのモジュラー方程式について，アーベルは「この方程式は代数的には解けないように思われる」という見通しを表明しました．円周等分方程式との分かれ道がここにあります．

モジュラー方程式は一般に代数的に可解ではありませんが，代数的に解ける場合もあります．そのような特別の場合としてアーベルが例示したのは，$e = c$, $e = \sqrt{3}\,c$, $e = (2 \pm \sqrt{3})c$ という四通りの場合ですが，どれも楕円積分（ルジャンドルのいう楕円関数）のモジュールに対して課される条件です．これを言い換えると，楕円関数に備わっている何らかの特殊な性質に関する条件ということになりますが，アーベルはこの論点を掘り下げて「虚数乗法をもつこと」という条件を発見しました．しかも，その場合

に現れる代数的可解方程式は**アーベル方程式**です．この認識と発見が虚数乗法論の萌芽です．

第12章 レムニスケート関数の特殊等分方程式

虚数乗法論に向かう

ここから先のアーベルの思索は, 楕円関数 $\varphi(\alpha)$ の特殊等分方程式の代数的可解性に向かいます. アーベルの「楕円関数研究」の第8章には二つの小見出しが出ていますが, 一番はじめの小見出しは

$e = c = 1$ の場合における関数 $\varphi\left(\dfrac{\omega}{n}\right)$ の代数的表示式

レムニスケートへの応用

というもので, 書き出しの数行において, この問題をめぐるアーベルの所見が明瞭に語られています.

> 第5章 (註.「楕円関数研究」の第5章) において, われわれは方程式 $P_n = 0$ を取り扱った. 関数 (註. *fonctions* という言葉が使われていますので,「関数」という訳語を当てました) $\varphi\left(\dfrac{\omega}{n}\right)$ と $\varphi\left(\dfrac{\varpi i}{n}\right)$ の決定はこの方程式に左右されるのである. この方程式は, まったく一般的に考えると, e と c の任意の値に対して代数的に解けるということはないように思われる.

特殊等分方程式は一般に代数的に可解ではないという認識が表明されて，そのうえで，代数的可解性は楕円積分のモジュール e,c に依存すると指摘されています．今日の語法にしたがって第1種楕円積分の逆関数を楕円関数と呼ぶことにすると，楕円関数はモジュール e,c の値を指定すると確定し，モジュールが変化すると，それに伴って楕円関数もまた変化します．楕円関数の全体が，モジュールと呼ばれる定数で制御されているのですが，それらの楕円関数のうち，特殊なモジュールに対応するものの特殊等分方程式については代数的可解性が保証されます．そのようなモジュールは**特異モジュール**と呼ばれていますが，これはクロネッカーの語法です．

アーベルの言葉を続けます．

> しかし，それにもかかわらず，上記の方程式（註．特殊等分方程式）を完全に解くことができて，量（註．原語は *quantités*) $\varphi\left(\frac{\omega}{n}\right)$ と $\varphi\left(\frac{\varpi i}{n}\right)$ の，e と c の関数としての代数的表示式が得られるような特別の場合が存在する．それは，もし $\varphi\left(\frac{\varpi i}{n}\right)$ が $\varphi\left(\frac{\omega}{n}\right)$ および既知の諸量を用いて有理的に書き表される——それは $\frac{c}{e}$ の無限に多くの値に対して成立する事柄である——とするならば，つねに生起する．
>
> このようなあらゆる場合において，方程式 $P_n = 0$ は，あらゆる次数の他の無限に多くの方程式に対して適用可能な，唯一の同じ一貫した方法によって解くことができる．

こうして楕円関数の等分方程式の考察の中から，虚数乗法をもつ楕円関数，特異モジュール，アーベル方程式という，虚数

乗法論を構成する素材が芽生えてきました．「あらゆる次数の他の無限に多くの方程式に対して適用可能な，唯一の同じ一貫した方法」というのはアーベル方程式の解法のことで，それについてはアーベルはもう一篇の論文「ある特別の種類の代数的可解方程式族について」を書きました．

レムニスケート関数の等分方程式

「楕円関数研究」の第 8 章の章題に「レムニスケートへの応用」という言葉が見られますが，これは $e = c = 1$ の場合を考えるということを意味しています．具体的に表記すると，

$$\alpha = \int_0^x \frac{dx}{\sqrt{1-x^4}}, \quad x = \varphi\alpha$$

という形になります．α はレムニスケート積分で，$x = \varphi\alpha$ はその逆関数，すなわちレムニスケート関数です．随伴する二つの補助的関数は

$$f\alpha = \sqrt{1-\varphi^2\alpha}, \quad F\alpha = \sqrt{1+\varphi^2\alpha}$$

となります．これがアーベルのいう「レムニスケートへの応用」ということで，アーベルは「$\varphi\left(\dfrac{\varpi i}{n}\right)$ が $\varphi\left(\dfrac{\omega}{n}\right)$ および既知の諸量を用いて有理的に書き表される」という場合のうち，もっとも簡単な場合の事例を挙げて，虚数乗法論の範例を示そうというのです．

積分 $\alpha = \displaystyle\int_0^x \frac{dx}{\sqrt{1-x^4}}$ において，x を xi に変換することにより，等式

$$\varphi(\alpha i) = i \cdot \varphi\alpha$$

が示されます．左辺の関数 $\varphi(\alpha i)$ を見ると，変数 α に虚数 i が乗じられていますが，右辺に移ると，その虚数 i が関数 $\varphi\alpha$ の外

に出て，乗法子のようになっています．この等式が成立することをもって，「レムニスケート関数は虚数乗法をもつ」と言い慣わしています．二つの補助的関数については，

$$f(\alpha i) = F\alpha, \quad F(\alpha i) = f\alpha$$

という形の等式が成立します．周期についてはどうかというと，e と c が等しい以上，ω と ϖ もまた必然的に等しくなり，

$$\frac{\omega}{2} = \frac{\varpi}{2} = \int_0^1 \frac{dx}{\sqrt{1-x^4}}$$

となります．

レムニスケート関数の加法定理

レムニスケート関数にたいしては等式 $\varphi(\alpha i) = i \cdot \varphi\alpha$ と $f(\alpha i) = F\alpha,\ F(\alpha i) = f\alpha$ が成立しますから，加法定理の形も非常に簡明で，次のようになります．

$$\varphi(\alpha+\beta i) = \frac{\varphi\alpha \cdot f\beta \cdot F\beta + i \cdot \varphi\beta \cdot f\alpha \cdot F\alpha}{1 - \varphi^2\alpha \cdot \varphi^2\beta}$$

$$f(\alpha+\beta i) = \frac{f\alpha \cdot F\beta - i \cdot \varphi\alpha \cdot \varphi\beta \cdot F\alpha \cdot f\beta}{1 - \varphi^2\alpha \cdot \varphi^2\beta}$$

$$F(\alpha+\beta i) = \frac{F\alpha \cdot f\beta + i \cdot \varphi\alpha \cdot \varphi\beta \cdot f\alpha \cdot F\beta}{1 - \varphi^2\alpha \cdot \varphi^2\beta}$$

関数 $\varphi(\alpha+\beta i)$ において，変数 $\alpha+\beta i$ は複素数ですが，この関数値は，実変数 α, β に対する関数値 $\varphi\alpha,\ \varphi\beta,\ f\alpha,\ f\beta,\ F\alpha,\ F\beta$ がわかれば求められます．関数 $f(\alpha+\beta i),\ F(\alpha+\beta i)$ についても同様です．そこで $\alpha = m\delta,\ \beta = \mu\delta$ と置くと，三つの関数値 $\varphi(m+\mu i)\delta,\ f(m+\mu i)\delta,\ F(m+\mu i)\delta$ は 6 個の関数値

$$\varphi(m\delta),\ \varphi(\mu\delta),\ f(m\delta)$$
$$f(\mu\delta),\ F(m\delta),\ F(\mu\delta)$$

の有理式の形に表されます．特に，m と μ が整数値の場合を考えると，倍角公式により，これらの6個の関数値は三つの関数値 $\varphi\delta, f\delta, F\delta$ の有理式の形に表されることがわかります．さらに特別の場合を考えて，$m+\mu$ が奇数になるとすると，T は $(\varphi\delta)^2, (f\delta)^2, (F\delta)^2$ の有理式，したがって $(\varphi\delta)^2$ の有理式として，

$$\varphi(m+\mu i)\delta = \varphi\delta \cdot T$$

という形の等式が得られます．$\varphi\delta = x$ と置くと，T は x^2 の有理式であることになりますから，これを $\psi(x^2)$ と表すことにします．これで，

$$\varphi(m+\mu i)\delta = x \cdot \psi(x^2)$$

という形の等式が手に入りました．

この等式において δ を δi に変えると，$x = \varphi\delta$ は $\varphi(\delta i) = i \cdot \varphi\delta = ix$ に変り，$\varphi(m+\mu i)\delta$ は $\varphi(m+\mu i)i\delta = i \cdot \varphi(m+\mu i)\delta$ に変りますから，上記の等式は $i \cdot \varphi(m+\mu i)\delta = ix \cdot \psi((ix)^2) = ix \cdot \psi(-x^2)$ という形になります．これより，等式

$$\varphi(m+\mu i)\delta = x \cdot \psi(-x^2)$$

が得られますが，これを見ると，x^2 の有理式 $\psi(x^2)$ は実際には x^{4n} という形の冪のみで組み立てられていることがわかります．それゆえ，$\varphi(m+\mu i)\delta$ の形はさらに限定されて，T は x^4 の有理式として，

$$\varphi(m+\mu i)\delta = x \cdot T$$

という形の等式が成立します．

ここまでは一般的な考察ですが，ここでアーベルにならって具体例を挙げたいと思います．$m=2, \mu=1$ と取ると $m+\mu=3$ は奇数ですから，指定された状況に適合していますし，しかも，これよりも簡単な場合はありません．まず，虚数乗法をもつレム

ニスケート関数に対する加法定理により,
$$\varphi(2+i)\delta = \frac{\varphi(2\delta)\cdot f\delta \cdot F\delta + i\varphi\delta \cdot f(2\delta) \cdot F(2\delta)}{1-(\varphi(2\delta))^2 \cdot (\varphi\delta)^2}$$
となります. ここで, 二倍角の公式により,
$$\varphi(2\delta) = \frac{2\varphi\delta \cdot f\delta \cdot F\delta}{1+(\varphi\delta)^4},$$
$$f(2\delta) = \frac{(f\delta)^2 - (\varphi\delta)^2 \cdot (F\delta)^2}{1+(\varphi\delta)^4},$$
$$F(2\delta) = \frac{(F\delta)^2 + (\varphi\delta)^2 \cdot (f\delta)^2}{1+(\varphi\delta)^4}$$

$x=\varphi\delta$ を用いて書き直すと, $f\delta = \sqrt{1-x^2}$, $F\delta = \sqrt{1+x^2}$ により,

$$\varphi(2\delta) = \frac{2x\sqrt{1-x^4}}{1+x^4}, \quad f(2\delta) = \frac{1-2x^2-x^4}{1+x^4},$$
$$F(2\delta) = \frac{1+2x^2-x^4}{1+x^4}$$

となりますから, 代入すると,
$$\varphi(2+i)\delta = x\frac{2-2x^8 + i(1-6x^4+x^8)}{1-2x^4+5x^8}$$
$$= xi\frac{1-2i-x^4}{1-(1-2i)x^4}$$

という等式が得られます. この場合,

$T = i\dfrac{1-2i-x^4}{1-(1-2i)x^4}$ ですから, 一般公式の教える通りの形です.

等式 $\varphi(m+\mu i)\delta = x \cdot T$ (T は x^4 の有理式) はレムニスケート関数の等分理論の土台ですが, このような簡明な等式が成立するのはレムニスケート関数が虚数乗法をもつからで, 楕円関数に対して一般的に成立する加法定理や倍角の公式だけでは, 決してたどりつくことはできません. 逆に言うと, 虚数乗法をもつこと

さえ認識しておけば，あとは式変形を繰り返すだけでさらさらと上記の等式に到達するのは，実際にアーベルの計算をたどることにより諒解される通りです．

繰り返しになりますが，レムニスケート関数が虚数乗法をもつというのは $\varphi(\alpha i) = i \cdot \varphi \alpha$ という等式が成立することを指しています．この等式それ自体には別にむずかしいところはなく，ごく自然に手に入るのですが，レムニスケート関数の特殊等分方程式の代数的可解性はこの等式に支えられていることを洞察したところに，アーベルの慧眼が光っています．

直角三角形の基本定理とレムニスケート関数の虚数等分

「楕円関数研究」第8章の二つ目の小見出しは

$$\varphi\left(\frac{\omega}{4\nu+1}\right) \text{の代数的表示式}$$

というのですが，ここに見られるように，アーベルはレムニスケート積分もしくはレムニスケート関数の奇素数等分を考えるのですが，アーベルは任意の奇素数等分ではなく，「4で割ると1が余る奇素数」すなわち $n = 4\nu + 1$ という形の奇素数の場合に限定して話を進めています．

アーベルは，「4で割ると1が余る素数」は二つの平方数の和の形に表示されるという事実から出発しました．これはフェルマが発見した数論の命題ですが，フェルマ自身もよほどうれしかったようで，「直角三角形の基本定理」と呼んで友人たちに伝えました．この命題は平方剰余相互法則の第一補充法則と同等であることも，よく知られています．それは奇素数 p に関する合同式

$$x^2 \equiv -1 \pmod{p}$$

に関する命題で，この合同式が解をもつのはいつかと問うて，p が「4で割って1が余る素数のとき」と答えるのですが，ガウスはこれを「すばらしいアリトメチカの一真理」（ガウスの言葉）と呼び，17歳のときに発見したと『アリトメチカ研究』(1801年) の序文で語っています．アーベルはどういう経路でこの命題を知ったのか，詳しい消息はわかりませんが，オイラーの論文を見て「直角三角形の基本定理」を知ったのか，あるいはまたガウスの『アリトメチカ研究』を読んで認識したのか，いずれかであろうと思われます．

いずれにしても $4\nu+1 = \alpha^2+\beta^2$ という形に表されますが，アーベルはここからなお一歩を進めて，
$$4\nu+1 = \alpha^2+\beta^2 = (\alpha+i\beta)(\alpha-\beta i)$$
と因数分解を押し進めました．$\alpha+\beta i$ や $\alpha-\beta i$ という形の数は，これを数学に導入したガウスにちなんで**ガウス整数**と呼ばれています．アーベルは有理整数域における素数をガウス整数域において因数分解したことになりますが，このように因数分解したうえで，まずはじめに関数値 $\varphi\left(\dfrac{\omega}{\alpha+\beta i}\right)$ を求め，それを用いて $\varphi\left(\dfrac{\omega}{4\nu+1}\right)$ の値を求めようというのが，アーベルがたどろうとしている道筋です．いわばレムニスケート関数の虚数等分を考えようというのですが，このあたりにもアーベルの創意が現れています．

虚数等分のアイデアでしたら，アーベルに先立ってガウスも相当に早い時期に手中にしていたと思います．ガウスがガウス整数を導入したのは4次の相互法則を確立するためで，このアイデアを公表したのは1832年の論文「4次剰余の理論 第2論文」においてのことでした．アーベルの没後のことですし，アーベルは

知る由もなかったのですが,ガウスと同じアイデアに独自にたどりつきました.ガウスの数学の秘密をよほど深く洞察していたことがうかがわれます.

レムニスケート関数の虚数等分方程式

二つの平方数 α^2 と β^2 の和は奇数ですから,α と β はともに偶数ではありえませんし,ともに奇数でもありえません.どちらか一方は偶数で,他方は奇数ですから,和 $\alpha+\beta$ は奇数です.それゆえ,前節の計算を適用することができて,$\varphi(\alpha+\beta i)\delta = x \cdot T$ という形になることがわかります.ここで,T は x^4 の有理式ですが,これをあらためて $x^4 = (\varphi\delta)^4$ の多項式の商の形に書き表して,

$$\varphi(\alpha+\beta i)\delta = x\frac{T}{S}$$

と置いてみます.ここで,多項式 T と S は互いに素,すなわち共通因子をもたないようにしておきます.この方程式において $\delta = \dfrac{\omega}{\alpha+\beta i}$ と置くと,この等式の左辺は 0 になりますから,$x = \varphi\left(\dfrac{\omega}{\alpha+\beta i}\right)$ は方程式

$$T = 0$$

の根のひとつであることがわかります.逆に言うと,この方程式を解くことにより関数値 $\varphi\left(\dfrac{\omega}{\alpha+\beta i}\right)$ が得られるということになります.この方程式はレムニスケート関数の $\alpha+\beta i$ 等分方程式です.

方程式 $T = 0$ を解くにはどうすればよいかというと,アーベルがこれまでもそうしていたように,巡回方程式の解法に帰着さ

せるのですが，そのために根のすべてをレムニスケート関数の特殊値として表示します．いわば超越的に解き，レムニスケート関数の諸性質の力を借りて諸根の間の相互関係を観察するというのが基本方針ですが，ガウスはアーベルに先立ってこの方針に沿って円周等分方程式を解きました．

そこで方程式 $T=0$ のすべての根を見つけたいのですが，$T=0$ なら，

$$\varphi(\alpha+\beta i)\delta = 0$$

となることになりますが，レムニスケート関数の零点はすでにわかっていて，m と μ は任意の整数として，

$$(\alpha+\beta i)\delta = m\omega + \mu\varpi i = (m+\mu i)\omega$$

という形に表されます．これより，

$$\delta = \frac{m+\mu i}{\alpha+\beta i}\omega$$

となります．これで，方程式 $T=0$ の根のすべては表示式

$$x = \varphi\left(\frac{m+\mu i}{\alpha+\beta i}\omega\right)$$

に含まれることがわかりました．

虚数等分方程式の根の表示式の変形

前節で，方程式 $T=0$ の根のすべてを包摂する表示式が得られましたが，その式において m と μ は任意の整数を表すのですから，無数の根が与えられていることになります．それらはすべて異なるわけではなく，異なる根は有限個しかありません．アーベルは式の変形を推し進めて，異なる根のすべては式

$$x = \varphi\left(\frac{\rho\omega}{\alpha+\beta i}\right)$$

によって表わされることを示しました．ここで，ρ は

$-\dfrac{\alpha^2+\beta^2-1}{2}$ から $+\dfrac{\alpha^2+\beta^2-1}{2}$ までのすべての整数値を取りますから，0 は除外して，全部で $\alpha^2+\beta^2-1$ 個になります．

この式変形は割り算を繰り返すことにより容易に遂行されます．まず，α と β は互いに素ですから，二つの整数 λ, λ' を見つけて，等式
$$\alpha \cdot \lambda' - \beta \cdot \lambda = 1$$
が成り立つようにすることができます．これはつまり 1 次不定方程式 $\alpha u + \beta v = 1$ を解いて，解 $u = \lambda', v = -\lambda$ を見つけたということです．

t は不定整数として（後に適当に定めます），
$$k = \mu\lambda + t\alpha, \quad k' = -\mu\lambda' - t\beta$$
と置くと，等式
$$\mu + \beta k + \alpha k' = 0$$
が成立します．そこで k と k' を用いて $\rho = m + \alpha k - \beta k'$ と置くと，等式
$$\frac{m+\mu i}{\alpha+\beta i} = \frac{\rho}{\alpha+\beta i} - k - k'i$$
が得られます．これより
$$\varphi\left(\frac{m+\mu i}{\alpha+\beta i}\omega\right) = \varphi\left(\frac{\rho\omega}{\alpha+\beta i} - k\omega - k'\omega i\right)$$
となりますが，レムニスケート関数の性質により，右辺は
$$(-1)^{-k-k'}\varphi\left(\frac{\rho\omega}{\alpha+\beta i}\right)$$
に等しいことがわかります．それゆえ，等式
$$\varphi\left(\frac{m+\mu i}{\alpha+\beta i}\omega\right) = (-1)^{-k-k'}\varphi\left(\frac{\rho\omega}{\alpha+\beta i}\right)$$
$$= \varphi\left(\frac{\pm\rho\omega}{\alpha+\beta i}\right)$$

が成立します．

ここまでのところは単に $m+\mu i$ を $\alpha+\beta i$ で割る計算を行なっただけですが，ρ の形をもう少し正確に観察すると，
$$\rho = m + \mu(\lambda\alpha + \lambda'\beta) + t(\alpha^2 + \beta^2)$$
という形になりますから，不定整数 t を適切に取って ρ の値を調節し，$\pm\rho$ の値が $\dfrac{\alpha^2+\beta^2}{2}$ より小さくなるようにすることができます．

方程式 $T=0$ の次数

これで，方程式 $T=0$ のすべての根は式 $x = \varphi\left(\dfrac{\rho\omega}{\alpha+\beta i}\right)$ で表されることがわかりましたが，これらはみな相異なっていることもわかります．実際，もし
$$\varphi\left(\frac{\rho\omega}{\alpha+\beta i}\right) = \varphi\left(\frac{\rho'\omega}{\alpha+\beta i}\right)$$
となるとすると，レムニスケート関数の性質により，
$$\frac{\rho\omega}{\alpha+\beta i} = (-1)^{m+n}\frac{\rho'\omega}{\alpha+\beta i} + (m+ni)\omega$$
となります．これより，二つの等式
$$\alpha n + \beta m = 0,$$
$$\rho = (-1)^{m+n}\rho' + \alpha m - \beta n$$
が得られます．前者の等式において α と β は互いに素ですから，適当な不定整数 t を用いて $n = -\beta t$, $m = \alpha t$ という形に表されます．これを ρ の表示式に代入すると，等式
$$\rho = (-1)^{m+n}\rho' + (\alpha^2 + \beta^2)t$$
が生じます．これより
$$\frac{\rho \pm \rho'}{\alpha^2 + \beta^2} = t$$

という形の等式が成立することになりますが，ρ と ρ' はどちらも $\dfrac{\alpha^2+\beta^2}{2}$ より小さいのですから，これはありえません．

これで，方程式 $T=0$ は $\alpha^2+\beta^2-1$ 個の異なる根をもつことがわかりましたが，重根をもつことがありえますので，この方程式の次数はまだわかりません．そこで重根をもたないことを確かめたいのですが，そのために等式 $\varphi(\alpha+\beta i)\delta = x\dfrac{T}{S}$ の微分を作ります．

これを $\varphi(\alpha+\beta i)\delta \cdot S = xT$ と変形し，両辺を微分するのですが，まず $\alpha = \displaystyle\int_0^x \dfrac{dx}{\sqrt{1-x^4}}$ の微分を作って $d\alpha = \dfrac{dx}{\sqrt{1-x^4}}$．$x=\varphi\alpha$ より $dx=d\varphi\alpha$．よって，

$$d\varphi\alpha = dx = \sqrt{1-x^4}\,d\alpha = \sqrt{1-(\varphi\alpha)^4}\,d\alpha$$
$$= \sqrt{1-\varphi^2\alpha} \cdot \sqrt{1+\varphi^2\alpha}\,d\alpha = f\alpha \cdot F\alpha\, d\alpha$$

となります．これを念頭に置いて等式 $\varphi(\alpha+\beta i)\delta \cdot S = xT$ を微分すると，左辺の微分は

$$d\varphi(\alpha+\beta i)\delta \cdot S + \varphi(\alpha+\beta i)\delta \cdot dS$$

となり，右辺の微分は

$$xdT + Tdx = x\dfrac{dT}{dx}dx + Tdx$$
$$= x\dfrac{dT}{dx}f\delta \cdot F\delta d\delta + Tf\delta \cdot F\delta d\delta$$

という形になります．これらを等置して，その後に両辺を $d\delta$ で割ると，等式

$$(\alpha+\beta i)\cdot f(\alpha+\beta i)\delta \cdot F(\alpha+\beta i)\delta \cdot S + \left(\dfrac{dS}{d\delta}\right)\cdot \varphi(\alpha+\beta i)\delta$$
$$= x\dfrac{dT}{dx}\cdot f\delta \cdot F\delta + T\cdot f\delta \cdot F\delta$$

が得られます．もし方程式 $T=0$ が重根 $x=c$ をもつとするなら，二つの方程式 $T=0$ と $\dfrac{dT}{dx}=0$ は根 $x=c$ を共有しますから，上記の方程式において $x=c$ と置くと，$T=0$ のとき $\varphi(\alpha+\beta i)=0$ であることに留意して，等式

$$S \cdot f(\alpha+\beta i)\delta \cdot F(\alpha+\beta i)\delta = 0$$

が生じます．ところが，$\varphi(\alpha+\beta i)\delta=0$ のとき，$f(\alpha+\beta i)\delta=\pm 1$，$F(\alpha+\beta i)\delta=\pm 1$ ですから，方程式 $S=0$ となります．これはこの方程式が根 $x=c$ をもつことを示していますが，T と S は共通因子をもたないように定めたのですから，これはありえません．これで，方程式

$$T=0$$

は重根をもたないことがわかりました．異なる根の総個数はすでにわかっていますから，この方程式の次数は $\alpha^2+\beta^2-1$ であることがわかります．また，根のすべては

$$\pm\varphi\left(\frac{\omega}{\alpha+\beta i}\right),\ \pm\varphi\left(\frac{2\omega}{\alpha+\beta i}\right),\ \cdots,\ \pm\varphi\left(\frac{\alpha^2+\beta^2-1}{2}\cdot\frac{\omega}{\alpha+\beta i}\right)$$

と表されます．

第13章
虚数乗法論への道

レムニスケート曲線の等分と
　　レムニスケート関数の等分

　レムニスケート関数の特殊等分方程式 $T=0$ を代数的に解こうとしているのですが，前章までのところで，この方程式の根のすべては

$$\pm\varphi\Bigl(\frac{\omega}{\alpha+\beta i}\Bigr),\ \pm\varphi\Bigl(\frac{2\omega}{\alpha+\beta i}\Bigr),\ \cdots,\ \pm\varphi\Bigl(\frac{\alpha^2+\beta^2-1}{2}\cdot\frac{\omega}{\alpha+\beta i}\Bigr),$$

と表示されること，言い換えるとレムニスケート関数の特殊値の形で根が表示されることがわかりました．これはいわば方程式 $T=0$ を「超越的に解いた」ということで，これだけではまだ代数的に解いたことにはなりませんが，ひとまず超越的に解き，そこに足掛かりを求めて代数的解法へと歩を進めるというのが，アーベルの常用の手法です．

　レムニスケート曲線の4分の1部分の等分ということなら，3等分や5等分の場合であればかつてファニャノも考察し，定規とコンパスを使って等分点の位置を指定することに成功しました．これは実質的に3等分と5等分の等分方程式を代数的に解いたということと同じことになりますが，ファニャノはどこまでも曲線の等分という作図問題を取り上げたのですから，古代ギリシアの数学で円周の3等分や5等分が試みられたのと同じことで，ギ

リシアの作図問題と同一の数学的精神の系譜に連なっています．古代ギリシアで円周の等分が行なわれたことを知っていたからこそ，ファニャノも「私の曲線」（レムニスケート曲線のことです）の等分に着目したのでした．

　もっとも古代ギリシアで実際に行われたのは正三角形や正五角形の作図でした．これを円周の等分と理解したのはガウスですが，ガウスに先立ってファニャノはレムニスケートの等分を遂行しました．ファニャノもまた正三角形と正五角形の作図を円周の等分と見ていたことをうかがわせる事実ですし，あるいはこのアイデアがガウスに影響を及ぼしたこともあろうという想像に誘われます．正三角形と正五角形を越えて，一般に正多角形の作図を考えるためには，何かしら新しいアイデアが必然的に要請されることになりそうですが，ガウスはそれを代数方程式の世界から取り出しました．幾何の作図問題を代数方程式の解法に帰着させて解くというアイデアですが，デカルトに由来するアイデアがありありと感知される場面です．

　アーベルはレムニスケートの等分という課題を取り上げて等分方程式を書き下し，その代数的可解性，特に平方根のみによる根の表示の可能性を探究したのですが，その際に現れた等分方程式はレムニスケート関数，すなわちレムニスケート積分の逆関数に対する等分方程式でした．ガウスはすでにこのようなアイデアを手にしていたようで，没後発見された《数学日記》にはガウスがたどった足どりがはっきりと記されています．論文や著作の形で公表されることはなかったのですが，ガウスの著作『アリトメチカ研究』の第7章の冒頭にレムニスケート積分がぽつんと書き下されています．アーベルはその一個の積分に誘われてガウスの思索の姿形を洞察し，ガウスに代わって叙述したのでした．

虚数等分方程式 $T=0$

等分方程式 $T=0$ にもどり,レムニスケート関数の特殊値の形で表示された根の形に着目すると, $\delta = \dfrac{\omega}{\alpha+\beta i}$ と置くとき, $\dfrac{\alpha^2+\beta^2-1}{2} = 2\nu$ 個の量

$$\varphi^2(\delta),\ \varphi^2(2\delta),\ \varphi^2(3\delta),\ \cdots,\ \varphi^2(2\nu\delta)$$

を根とする $x^2 = r$ の方程式

$$R = 0$$

が得られます.このようにしたうえで,アーベルは素数 $\alpha^2+\beta^2$ の原始根 ε を取り,この方程式の根を

$$\varphi^2(\delta),\ \varphi^2(\varepsilon\delta),\ \varphi^2(\varepsilon^2\delta),\ \varphi^2(\varepsilon^3\delta),\ \cdots,\ \varphi^2(\varepsilon^{2\nu-1}\delta)$$

と並べ替えました.これで,方程式 $R=0$ は巡回方程式であること,したがって代数的に解けることがわかりました.

特殊等分方程式の解法を論じたときのことを回想すると,次数 $n(2n+2)$ 次の特殊等分方程式の解法は次数 n の方程式と次数 $2n+2$ の解法に帰着され,前者の n 次方程式は代数的に可解であることが示されましたが,その根拠はその方程式が巡回方程式であることに根ざしていました.アーベルはガウスが円周等分方程式を解いたときに用いたものと同じ方法を適用したのですが,ここでまた同じ状況に出会ったことになります.

アーベルは前と同じ議論を繰り返し,方程式 $R=0$ の根を次のような形に書き下しました.

($*$) $\varphi^2(\varepsilon^m\delta)$

$$= \frac{1}{2\nu}(A + \theta^{-m}\cdot v^{\frac{1}{2\nu}} + s_2\theta^{-2m}\cdot v^{\frac{2}{2\nu}} + \cdots + s_{2\nu-1}\theta^{-(2\nu-1)m}\cdot v^{\frac{2\nu-1}{2\nu}})$$

ここで,θ は方程式 $\theta^{2\nu}-1=0$ の虚根.他の量 $v, s_2, s_3, \cdots, s_{2\nu-1}, A$

は次の通りです．
$$v = (\varphi^2(\delta) + \theta \cdot \varphi^2(\varepsilon\delta) + \theta^2 \cdot \varphi^2(\varepsilon^2\delta) + \cdots + \theta^{2\nu-1} \cdot \varphi^2(\varepsilon^{2\nu-1}\delta))^{2\nu}$$
$$s_k = \frac{\varphi^2(\delta) + \theta^k \cdot \varphi^2(\varepsilon\delta) + \theta^{2k} \cdot \varphi^2(\varepsilon^2\delta) + \cdots + \theta^{(2\nu-1)k} \cdot \varphi^2(\varepsilon^{2\nu-1}\delta)}{(\varphi^2(\delta) + \theta \cdot \varphi^2(\varepsilon\delta) + \theta^2 \cdot \varphi^2(\varepsilon^2\delta) + \cdots + \theta^{2\nu-1} \cdot \varphi^2(\varepsilon^{2\nu-1}\delta))^k}$$
$$A = \varphi^2(\delta) + \varphi^2(\varepsilon\delta) + \varphi^2(\varepsilon^2\delta) + \cdots + \varphi^2(\varepsilon^{2\nu-1}\delta)$$

このあたりの計算は前と同じことですので省略しますが，方程式 $R = 0$ の係数は，P と Q は有理数として $P + Qi$ という形であること，$v, s_2, s_3, \cdots, s_{2\nu-1}, A$ はそれらの係数を用いて**有理的**に表されます．アーベルはこんなふうに論じて，上記の式（＊）は方程式 $R = 0$ のすべての根の代数的表示式を与えているという結論を下しました．平方根をとれば，方程式 $T = 0$ の根

$$\pm \varphi\left(\frac{\omega}{\alpha + \beta i}\right), \ \pm \varphi\left(\frac{2\omega}{\alpha + \beta i}\right), \ \cdots,$$
$$\pm \varphi\left(\frac{(2\nu - 1)\omega}{\alpha + \beta i}\right), \ \pm \varphi\left(\frac{2\nu\omega}{\alpha + \beta i}\right)$$

が得られますが，これらは本来の等分方程式 $T = 0$ の根のすべてで，この方程式の係数を用いて組み立てられる代数的な表示式です．

虚数等分値から実等分値へ

虚数等分方程式 $T = 0$ を代数的に解くことにより関数値 $\varphi\left(\dfrac{m\omega}{\alpha + \beta i}\right)$ が求められました．この値はレムニスケート関数の虚数等分値ですが，これを元にして，本来の目的である実等分値が得られます．まずはじめにこの虚数等分値において i を $-i$ に変えると，もうひとつの虚数等分値 $\varphi\left(\dfrac{m\omega}{\alpha - \beta i}\right)$ が得られます．そこでレムニスケート関数の加法定理により，

$$\varphi\Big(\frac{m\omega}{\alpha+\beta i}+\frac{m\omega}{\alpha-\beta i}\Big)$$
$$=\frac{\varphi(\frac{m\omega}{\alpha+\beta i})\sqrt{1-\varphi^4(\frac{m\omega}{\alpha-\beta i})}+\varphi(\frac{m\omega}{\alpha-\beta i})\cdot\sqrt{1-\varphi^4(\frac{m\omega}{\alpha+\beta i})}}{1+\varphi^2(\frac{m\omega}{\alpha+\beta i})\cdot\varphi^2(\frac{m\omega}{\alpha-\beta i})}$$

と計算が進みます．右辺には新たにいくつかの平方根が加わっていますが，依然として方程式 $T=0$ の係数の代数的表示式です．ところが，

$$\frac{m\omega}{\alpha+\beta i}+\frac{m\omega}{\alpha-\beta i}=\frac{2m\alpha\omega}{\alpha^2+\beta^2}=\frac{2n\alpha\omega}{4\nu+1}$$

となりますから，これで関数値

$$\varphi\Big(\frac{2m\alpha\omega}{4\nu+1}\Big)$$

が求められました．

これだけではまだ任意の n に対する関数値 $\varphi\Big(\frac{n\omega}{4\nu+1}\Big)$ が求められたとは言えませんが，これは簡単な式変形によりつねに可能です．実際，2α と $4\nu+1$ は互いに素ですから，二つの整数 m と t を適当に定めることにより，等式

$$n=2m\alpha-(4\nu+1)t$$

が成立するようにすることができます．このとき，

$$\varphi\Big(\frac{2m\alpha\omega}{4\nu+1}\Big)=\varphi\Big(\frac{n\omega}{4\nu+1}+t\omega\Big)=(-1)^t\varphi\Big(\frac{n\omega}{4\nu+1}\Big)$$

となり，これで関数値 $\varphi\Big(\frac{n\omega}{4\nu+1}\Big)$ が求められました．特に $n=1$ と置けば $\varphi\Big(\frac{\omega}{4\nu+1}\Big)$ の値が得られます．

こうしてレムニスケート関数の特殊等分方程式が解けましたが，アーベルの解法を顧みて最も強い印象を受けるのはやはり虚数域での因数分解 $4\nu+1=\alpha^2+\beta^2=(\alpha+\beta i)(\alpha-\beta i)$ が行なわれたという事実です．4で割ると1が余る素数を二つの平方数

の和の形に表示したところには，アーベルはフェルマが発見した「直角三角形の基本定理」，あるいはまた論理的にはそれと同等な，ガウスが発見した「アリトメチカの一真理」，すなわち「平方剰余相互法則の第1補充法則」を知っていたことが示唆されています．ところがアーベルはさらに歩を進めて，今日の語法でいうガウス整数域において因数分解を遂行しました．ガウス整数というのは，a, b を有理整数として $a + bi$ という形の複素数を指す言葉です．

ガウス整数のアイデアを導入したのはガウスです．その目的は4次の冪剰余相互法則を確立するためで，1832年の論文「4次剰余の理論 第2論文」において公表されましたが，アーベルの没後のことですし，アーベルはこのガウスの研究は知りませんでした．レムニスケート関数の等分とガウス整数域が親密に連繋していることに，アーベルは独自に気づいたと見てよいと思います．

特殊等分方程式を解くのに虚数等分を経由するというアイデアはいかにも卓抜ですが，このアイデアを支えているのはレムニスケート関数が虚数乗法をもつこと，すなわち，等式

$$\varphi(\alpha i) = i \cdot \varphi \alpha$$

が成立するという事実です．楕円関数の定義域を複素数域まで拡大したことの意味が，こうして明らかになりました．

定規とコンパスによるレムニスケート曲線の等分

ここまでのところを踏まえてアーベルはなお一歩を進め，素数 $4\nu + 1$ が $1 + 2^n$ という形の場合の考察に向かいました．$1 + 2^n$ という形の素数は**フェルマ素数**と呼ばれています．

この場合，$2\nu = 2^{n-1}$ となりますので，特殊等分方程式の根の

表示式（*）を見ると，関数値 $\varphi(\varepsilon^m\delta)$ は θ と v を用いて平方根を開くだけで組み立てられていることがわかります．ところが v は θ と $i=\sqrt{-1}$ の有理式ですし，θ は円周等分方程式

$$\frac{\theta^{2^{n-1}}-1}{\theta-1}=\theta^{2^{n-1}-1}+\theta^{2^{n-1}-2}+\cdots+1=0$$

の根ですから，ガウスの理論により平方根のみを用いて表示されます．それゆえ，v は平方根のみを用いて表されます．これで，関数値 $\varphi(\varepsilon^m\delta)$，したがって $\varphi\left(\dfrac{m\omega}{\alpha+\beta i}\right)$ もまたそのように表示されます．

関数値 $\varphi\left(\dfrac{m\omega}{\alpha-\beta i}\right)$ についても同様ですから，前にそうしたように加法定理を仲介して両者を合わせると，関数値 $\varphi\left(\dfrac{m\omega}{\alpha^2+\beta^2}\right)=\varphi\left(\dfrac{m\omega}{4\nu+1}\right)$ は平方根のみを開くだけで得られることがわかります．

もうひとつの場合

レムニスケート関数の等分値 $\varphi\left(\dfrac{m\omega}{n}\right)$ が平方根のみで表される場合がもうひとつあります．それは n が2の冪の場合で，これについては前に具体的に計算して観察したことがあります．

今度は $1+2^n$ という形の素数をいくつか取り上げて，それらを $1+2^{n_1}, 1+2^{n_2}, \cdots, 1+2^{n_\mu}$ としてみます．また，2の冪 2^n を取り上げます．このとき，関数値

$$\varphi\left(\frac{m\omega}{2^n}\right),\ \varphi\left(\frac{m_1\omega}{1+2^{n_1}}\right),\ \varphi\left(\frac{m_2\omega}{1+2^{n_2}}\right),\ \cdots,\ \varphi\left(\frac{m_\mu\omega}{1+2^{n_\mu}}\right),$$

が判明しますが，加法定理を用いてこれらを組み合わせると，関

数値

$$\varphi\Big(\frac{m\omega}{2^n} + \frac{m_1\omega}{1+2^{n_1}} + \frac{m_2\omega}{1+2^{n_2}} + \cdots + \frac{m_\mu\omega}{1+2^{n_\mu}}\Big)$$
$$= \varphi\Big(\frac{m'\omega}{2^n(1+2^{n_1})(1+2^{n_2})\cdots(1+2^{n_\mu})}\Big)$$

が得られます．右辺に見られる数値 m' は $m, m_1, m_2, \cdots, m_\mu$ により定まりますが，それらの数値は任意に取れるのですから，m' もまた任意の値を取ることができます．これで，平方根のみを用いて表示されるレムニスケート関数の等分値について，ひとつの事実が明るみに出されました．アーベルの言葉をそのまま引くと次の通りです．

関数 $\varphi\Big(\dfrac{m\omega}{n}\Big)$ の値は，n が 2^n という形の数であるか，あるいは $1+2^n$ という形の素数，あるいはまたこれらの二通りの形のいくつかの数の積である場合にはいつでも，**平方根**を用いて書き表される．

定規とコンパスによるレムニスケート曲線の等分（続）

ここまでの考察を応用すると，定規とコンパスを用いてレムニスケート曲線を等分することについて新たな知見が得られます．「楕円関数研究」に掲載されている図を参照しながらアーベルの言葉を紹介したいと思います．だいぶ前のことになりますが，レムニスケート曲線の弧 AM の長さを α，弦 AM の長さを x で表すと，線素 $d\alpha$ は等式

$$d\alpha = \frac{dx}{\sqrt{1-x^4}}$$

で与えられることを，アーベルの計算に沿って示しました (27-29 頁参照)．線素を寄せ集めると有限の長さが生成されて，弧長 α はレムニスケート積分により

$$\alpha = \int_0^x \frac{dx}{\sqrt{1-x^4}}$$

と表され，x はレムニスケート関数を用いて

$$x = \varphi\alpha$$

と表示されます．$x=1$ に対応する α の値は弧 AMB の長さに等しいのですが，それは $\frac{\omega}{2}$ にほかなりませんから，レムニスケート曲線の半周 $AMBN = \omega$ となります．これで半周 $AMBN$ の等分点とレムニスケート関数の等分値との間に対応がつくようになりました．

半周 $AMBN$ の長さは ω ですから，これを n 等分することを考えてみます．弧 $AM = \frac{m}{n} \cdot AMBN = \frac{m\omega}{n}$ とすると，等式

$$\text{弦 } AM = \varphi\left(\frac{m\omega}{n}\right)$$

が成立します．この等式の意味合いを考えると，関数値 $\varphi\left(\frac{m\omega}{n}\right)$ がわかれば弦 AM もわかるということになりますから，第 m 番目の等分点の位置がわかることになります．ところが関数値のほうは，n が 2 といくつかのフェルマ素数に分解されるなら，平方根のみを用いて根を表示することができます．定規は直線を引くのに用い，コンパスは円を描くのに用います．そこでこれを作図問題の言葉で言い換えると，その場合，直線と円の交叉を利用することにより半周 $AMBN$ の等分点を作図することができるということと同じです．

こうして，ガウスが円周等分で示したのとまったく同じ幾何学

的形勢が, レムニスケート曲線についても見られることが示されました.

楕円関数の変換理論

レムニスケート曲線の等分理論に続いて,「楕円関数研究」は第9章に移ります. この章には,

楕円関数の変換における関数 φ, f, F の利用

という章題が附されています.

アーベルのいう楕円関数の一語にはルジャンドルの語法が踏襲されていて, 今日の語法での楕円積分のことにほかなりません. ルジャンドルは楕円関数をテーマにして多くの著作を書きましたが, 一連の著作の中でルジャンドル自身の創意がもっともよく発揮されたのは, 変換理論においてでした. ルジャンドルの段階ではまだ大きな理論に生い立っていたわけではありませんが, 継承するべき事柄は確かに認められ, 実際にヤコビなどもこの領域で新たな事柄を発見してルジャンドルのもとに書き送ったのでした. この点はアーベルも同様で, 第9章の冒頭でルジャンドルの変換理論に言及してこんなふうに語っています.

> ルジャンドル氏は『積分計算演習』において, 積分
> $$\int \frac{d\varphi}{\sqrt{1-c^2\sin^2\varphi}}$$ ——これは $\sin\varphi = x$ とすると
> $$\int \frac{dx}{\sqrt{(1-x^2)(1-c^2x^2)}}$$ に変わる——
> を, 異なるモジュールをもつ同じ形の他の積分に変換する方法を示した. 私は次に挙げる定理により, この理論を一般化

することに成功した.

アーベルはこう言って,それからひとつの定理を書きました. m と μ は正数で,少なくとも一方は $2n+1$ と互いに素であるものとして,a は量 $\dfrac{(m+\mu)\omega+(m-\mu)\varpi i}{2n+1}$ を表すとします. このとき,

$$y = f \cdot x \cdot \frac{(\varphi^2(\alpha)-x^2)(\varphi^2(2\alpha)-x^2)\cdots(\varphi^2(n\alpha)-x^2)}{(1+e^2c^2\varphi^2(\alpha)\cdot x^2)(1+e^2c^2\varphi^2(2\alpha)\cdot x^2)\cdots(1+e^2c^2\varphi^2(n\alpha)\cdot x^2)}$$

$$\frac{1}{c_1} = \frac{f}{c}\left\{\varphi\left(\frac{\omega}{2}+\alpha\right)\cdot\varphi\left(\frac{\omega}{2}+2\alpha\right)\cdots\varphi\left(\frac{\omega}{2}+n\alpha\right)\right\}^2$$

$$\frac{1}{e_1} = \frac{f}{e}\left\{\varphi\left(\frac{\varpi i}{2}+\alpha\right)\cdot\varphi\left(\frac{\varpi i}{2}+2\alpha\right)\cdots\varphi\left(\frac{\varpi i}{2}+n\alpha\right)\right\}^2$$

$$a = f \cdot (\varphi(\alpha)\cdot\varphi(2\alpha)\cdot\varphi(3\alpha)\cdots\varphi(n\alpha))^2$$

と置けば,等式

$$\int \frac{dy}{\sqrt{(1-c_1^2 y^2)(1+e_1^2 y^2)}} = \pm a \int \frac{dx}{\sqrt{(1-c^2 x^2)(1+e^2 x^2)}}$$

が成立する,というのです.

アーベルが挙げた定理の姿を観察すると,いろいろとおもしろいことに気づきます. f は不定量,すなわち任意に取ることのできる数値です. その f に定量

$$(\varphi(\alpha)\cdot\varphi(2\alpha)\cdot\varphi(3\alpha)\cdots\varphi(n\alpha))^2$$

が乗じられて a が定められています. c と c_1 の関係,それに e と e_1 の関係も同様ですが,これらの関係を定める定量が楕円関数(ここでは楕円積分の逆関数という意味です)の特殊値で与えられているのがおもしろいところです. y を表示する式の形は一見すると複雑そうに見えるのですが,よく見ると x の有理式で,しかも分母と分子はきれいに因数分解されています. そのうえ,

その因数分解を構成する各々の因子には，やはり楕円関数の特殊値が使われています．逆関数を考えるということの意味が，このようなところにはっきりと見て取れます．

モジュラー方程式

定量 c, e, c_1, e_1 はモジュールですが，これらの関係をもう少し精密に観察すると**モジュラー方程式に**出会います．実際，c_1 と c を結ぶ定量

$$\left\{\varphi\left(\frac{\omega}{2}+\alpha\right)\cdot\varphi\left(\frac{\omega}{2}+2\alpha\right)\cdots\varphi\left(\frac{\omega}{2}+n\alpha\right)\right\}^2$$

と，e_1 と e を結ぶ定量

$$\left\{\varphi\left(\frac{\varpi i}{2}+\alpha\right)\cdot\varphi\left(\frac{\varpi i}{2}+2\alpha\right)\cdots\varphi\left(\frac{\varpi i}{2}+n\alpha\right)\right\}^2$$

の形を見て，等式

$$\left\{\varphi\left(\frac{\omega}{2}+\alpha\right)\right\}^2=\frac{1}{c^2}\left(\frac{f(\alpha)}{F(\alpha)}\right)^2=\frac{1}{c^2}\cdot\frac{1-c^2\varphi^2(\alpha)}{1+e^2\varphi^2(\alpha)}$$

$$\left\{\varphi\left(\frac{\varpi}{2}i+\alpha\right)\right\}^2=-\frac{1}{e^2}\left(\frac{F(\alpha)}{f(\alpha)}\right)^2=-\frac{1}{e^2}\cdot\frac{1+e^2\varphi^2(\alpha)}{1-c^2\varphi^2(\alpha)}$$

に着目すると，上記の二つの定量はいずれも n 個の量 $\varphi(\alpha),\varphi(2\alpha),\varphi(3\alpha),\cdots,\varphi(n\alpha)$ の有理対称式であることがわかります．

前に特殊等分方程式の解法が次数 n の方程式と次数 $2n+2$ の方程式の解法に帰着される状況を観察したことがありますが，後者の次数 $2n+2$ の方程式の構成の際に，まったく同じ状況に出会いました．特に $2n+1$ が素数の場合を考えて，そのときの議論を繰り返すと，c_1 と c，および e_1 と e はそれぞれ次数 $2n+2$ 次の方程式で結ばれていることがわかります．これらの方程式

はどちらも二つのモジュールの間の関係を既述しているのですから，モジュラー方程式という呼称がぴったりです．特殊等分方程式が帰着されていく先の二つの方程式のうち，次数 $2n+2$ の方程式はモジュラー方程式と構造が同じですから，それをもモジュラー方程式と呼ぶのは不自然ではなく，ガロアなどもごく自然にそのように呼んでいます．

モジュラー方程式という呼称はヤコビの著作『楕円関数論の新しい基礎』(1829年) に出ています．

分離方程式の代数的積分

アーベルは上に挙げた変換に関する定理の証明を書いていますが，ここでは省略します．

「楕円関数研究」の最終章は第10章ですが，ここには

分離方程式
$$\frac{dy}{\sqrt{(1-y^2)(1+\mu y^2)}} = a\frac{dx}{\sqrt{(1-x^2)(1+\mu x^2)}}$$
の積分について

という章題が附されています．分離方程式の「分離」というのは変数が分離されていることを意味しています．左右両辺の微分式に見られるモジュールはただひとつで，しかも同一です．この微分方程式の解を求めようというのですが，解とは何かというと，この微分方程式を生成する力を備えた x と y の間の関係式のことにほかなりません．その関係式が代数方程式の形で求められるなら，提示された微分方程式は**代数的に積分可能**であるといい，求められた代数方程式は**代数的積分**という名で呼ばれることになります．

アーベルは「楕円関数研究」の序文の段階でオイラーに言及し，楕円関数論のはじまりはオイラーによる分離方程式の代数的積分の探索にあると明記していましたが，最終章においてオイラーの課題に立ち返ろうとしています．

提示された微分方程式の代数的可解性を左右するのは右辺の定量 a とモジュール μ の二つですが，これまでの考察により即座に明らかになるのは，「a が有理数のときにはモジュール μ が何であっても代数的に積分可能である」という事実です．しかも，特別の積分をひとつだけ見つけることができるというのではなく，完全積分可能，すなわち一般解を代数的な形で与えることができます．これは楕円関数の倍角の公式を書き下すだけで実現されます．

新たな状況に直面するのは a が有理数ではない場合です．そこに踏み込んでいくのはアーベルひとりの独創で，ガウスといえどもそこまでは歩を進めなかったであろうと思います．アーベルは a が実数の場合と虚数の場合を区分けして，二つの定理を書き留めました．

定理 I. a は実数で，上記の方程式は代数的に積分可能とすると，a は必ず有理数でなければならない．

定理 II. a が虚数で，上記の方程式は代数的に積分可能とすると，a は必ず $m \pm \sqrt{-1} \cdot \sqrt{n}$ という形でなければならない．ここで m と n は有理数である．この場合，量 μ は任意ではなく，無限に多くの実または虚の根をもつ何かある方程式を満たさなければならない．μ の各々の値は，ここで問われている事柄に応えている．

後者の定理IIは虚数乗法論の泉です．「無限に多くの実または虚の根をもつ何かある方程式」というのは意味を汲みにくい言葉ですが，アーベルの念頭にあったのは，たとえば
$$x - \frac{x^3}{3!} + \frac{x^5}{5!} - \frac{x^7}{7!} + \cdots = 0$$
というような方程式だったのではないかと思います．次数が無限大の方程式ですが，その根は正弦関数 $\sin x$ の零点で，無数に存在します．

　実際にはモジュール μ は有限の次数をもつ代数方程式の根になるのですが，アーベルも少し後にそのことに気づきました．アーベルの次の世代のクロネッカーはこの代数方程式を**特異モジュラー方程式**と呼びました．

第14章
虚数乗法をもつ楕円関数

レムニスケート関数の虚数乗法の回想

前章の末尾のあたりで紹介したことですが,アーベルは変数分離型の微分方程式

$$\frac{dy}{\sqrt{(1-y^2)(1+\mu y^2)}} = a\frac{dx}{\sqrt{(1-x^2)(1+\mu x^2)}}$$

の代数的積分の可能性に関連して,二つの定理を書きました.再掲すると,それらは次の通りです.

定理I. a は実数で,上記の方程式は代数的に積分可能とすると,a は必ず有理数でなければならない.

定理II. a が虚数で,上記の方程式は代数的に積分可能とすると,a は必ず $m \pm \sqrt{-1} \cdot \sqrt{n}$ という形でなければならない.ここで m と n は有理数である.この場合,量 μ は任意ではなく,無限に多くの実または虚の根をもつ何かある方程式を満たさなければならない.μ の各々の値は,ここで問われている事柄に応えている.

アーベルはこれらの2定理の証明を書き留めていないのですが,雄大な構想を胸に秘めていたようで,「これらの定理の証明は,目下私が研究を進めていて,まもなく実現可能になると思わ

れる楕円関数に関するある非常に広範な理論の一部分を成す」と書いています．

「楕円関数研究」の書き出しのあたりを振り返ると，アーベルはオイラーがその代数的積分を探索したという変数分離型微分方程式を書き，そこに楕円関数論の出発点を見たのでした．オイラーとアーベルの間にはルジャンドルの変換理論が横たわっていますが，アーベルはその変換理論をくぐり抜けてオイラーに立ち返ろうとしています．しかも，そこにはガウスの著作『アリトメチカ研究』から得られた示唆が強力に働いています．

理論的に観察すると，等分理論は変換理論の一部分のように目に映じます．実際，上記の微分方程式において a は自然数とすると，もしその微分方程式を満たす x の有理式 $y = \dfrac{P(x)}{Q(x)}$ ($P(x), Q(x)$ は x の多項式) が存在するなら，x に関する代数方程式 $P(x) - y \cdot Q(x) = 0$ が与えられますが，それは第1種楕円積分

$$a = \int_0^x \frac{dx}{\sqrt{(1-x^2)(1+\mu x^2)}}$$

の逆関数の一般 a 等分方程式にほかなりません．

アーベルはオイラーが開いた微分方程式論の枠内にガウスの等分理論を配置して，そのうえで等分理論の可能性を乗法子 a が虚数の場合をも含めて究明しようとしました．虚数乗法論の可能性がここに発生するのですが，その可能性を確信するアーベルを支えていたのは，レムニスケート関数が虚数乗法をもつことを示す等式

$$\varphi(ix) = i\varphi(x)$$

でした．

分離微分方程式のいろいろ

アーベルは「楕円関数研究」の段階では上記の2定理の証明を書かなかったのですが，特別の場合の計算例をいくつか書き並べていますから，それらを紹介したいと思います．もっとも，いろいろな例とはいってもアーベルが例示した最初の微分方程式は

$$\frac{dy}{\sqrt{(1-y^2)(1+e^2y^2)}} = \sqrt{-1}\cdot\sqrt{2n+1}\frac{dx}{\sqrt{(1-x^2)(1+e^2x^2)}}$$

(n は自然数)
というもので，このとき y は x の有理式として，

$$y = \pm\sqrt{-1}\cdot e^n x \times \frac{[\varphi^2(\frac{\omega}{2n+1})-x^2]\cdots[\varphi^2(\frac{n\omega}{2n+1})-x^2]}{[1+e^2\varphi^2(\frac{\omega}{2n+1})x^2]\cdots[1+e^2\varphi^2(\frac{n\omega}{2n+1})x^2]}$$

という形に表示されます．この等式は，変換理論の視点から見れば左辺の微分式

$$\frac{dy}{\sqrt{(1-y^2)(1+e^2y^2)}}$$

を同じ形の右辺の微分式に移す変換式ですが，微分方程式論の立場に立てば，上記の微分方程式のひとつの特殊積分を与えています．しかも y が x の有理式として書き表されているのですから，ともあれ x と y が代数的な関係式で結ばれているのはまちがいなく，この特殊積分は代数的積分であることがわかります．楕円関数論における変換理論の意味がここにあります．

モジュール e は任意ではなく，等式

$$1 = e^{n+1}\Big[\varphi\Big(\frac{1}{2n+1}\frac{\omega}{2}\Big)\cdots\varphi\Big(\frac{2n-1}{2n+1}\frac{\omega}{2}\Big)\Big]^2$$

で与えられます．逆向きに見ると，モジュール e がこのように与えられるとき，上記の微分方程式は代数的に積分可能であり，ひとつの特殊代数的積分が有理式の形で与えられるということになります．

$n=1$ の場合

$n=1$ とすると一番簡単な場合が現れます.この場合,微分方程式は

$$\frac{dy}{\sqrt{(1-y^2)(1+e^2y^2)}}=\sqrt{-3}\frac{dx}{\sqrt{(1-x^2)(1+e^2x^2)}}$$

となり,x の有理式の形の代数的積分は

$$y=\sqrt{-1}\cdot ex\frac{\varphi^2(\frac{\omega}{3})-x^2}{1+e^2\cdot\varphi^2(\frac{\omega}{3})\cdot x^2}$$

となります.注目に値するのはモジュール e の値で,等式

$$1=e^2\left[\varphi\left(\frac{1}{3}\cdot\frac{\omega}{2}\right)\right]^2$$

によって与えられるのですが,アーベルは計算を進めて 2 次の代数方程式

$$e^2-2\sqrt{3}\cdot e-1=0$$

を書きました.これは特異モジュラー方程式の一例です.これを解くと,e の数値

$$e=\sqrt{3}+2$$

が得られます.

これで $\varphi^2\left(\dfrac{\omega}{6}\right)=\dfrac{1}{e^2}=7-4\sqrt{3}$ という数値が得られますから,2 倍角の公式により $\varphi^2\left(\dfrac{\omega}{3}\right)$ の値 $2\sqrt{3}-3$ も求められます.

これらの計算を集めると,ここまでのところで,微分方程式

$$\frac{dy}{\sqrt{(1-y^2)[1+(2+\sqrt{3})^2y^2]}}$$
$$=\sqrt{-3}\cdot\frac{dx}{\sqrt{(1-x^2)[1+(2+\sqrt{3})^2x^2]}}$$

の代数的積分

$$y = \sqrt{-1} \cdot x \frac{\sqrt{3} - (2+\sqrt{3})x^2}{1+\sqrt{3}(2+\sqrt{3})x^2}$$

が得られました．

$n=2$ の場合

アーベルは $n=1$ の場合に続いて $n=2$ の場合を取り上げました．この場合，微分方程式

$$\frac{dy}{\sqrt{(1-y^2)(1+e^2y^2)}} = \sqrt{-5}\frac{dx}{\sqrt{(1-x^2)(1+e^2x^2)}}$$

を考えることになりますが，これを満たす x の有理式 y，すなわち変換方程式は

$$y = \sqrt{-1}\cdot e^2 x \frac{\varphi^2(\frac{\omega}{5})-x^2}{1+e^2\varphi^2(\frac{\omega}{5})\cdot x^2} \cdot \frac{\varphi^2(\frac{2\omega}{5})-x^2}{1+e^2\varphi^2(\frac{2\omega}{5})\cdot x^2}$$

という形になります．モジュール e が満たす方程式，すなわち特異モジュラー方程式は

$$e^3 - 1 - (5+2\sqrt{5})e(e-1) = 0$$

となり，この 3 次方程式を解くと e の 3 個の値

$$e = 1,\ e = 2+\sqrt{5} - 2\sqrt{2+\sqrt{5}},$$
$$e = 2+\sqrt{5} + 2\sqrt{2+\sqrt{5}}$$

が得られます．ところが，e を規定する等式

$$1 = e^2\varphi^2\left(\frac{\omega}{10}\right)\varphi^2\left(\frac{3\omega}{10}\right)$$

を見ると，e は 1 より大きくなければならないことがわかりますから，モジュールとして採用することができるのは 3 番目の根 $e = 2+\sqrt{5}+2\sqrt{2+\sqrt{5}}$ だけです．

これで，微分方程式

$$\frac{dy}{\sqrt{(1-y^2)[1+(2+\sqrt{5}+2\sqrt{2+\sqrt{5}})^2 y^2]}}$$
$$= \sqrt{-5}\,\frac{dx}{\sqrt{(1-x^2)[1+(2+\sqrt{5}+2\sqrt{2+\sqrt{5}})^2 x^2]}}$$

のひとつの代数的積分が有理式の形で得られました．その有理式には二つの定量 $\varphi^2\left(\dfrac{\omega}{5}\right)$, $\varphi^2\left(\dfrac{2\omega}{5}\right)$ が用いられていますが，モジュール e の値を用いると具体的な数値が確定します．

虚数乗法の理論

これまでのところで見てきたように，楕円関数の変換理論の本質は変数分離型の微分方程式の代数的積分の可解性を問うところにあります．アーベルは「楕円関数研究」において相当に詳しく変換理論を語りましたが，もう1篇，変換理論そのものをテーマとする論文を書きました．それは

「楕円関数の変換に関するある一般的問題の解決」

という論文で，ガウスの友人の天文学者シューマッハーが創刊した学術誌「天文報知」の第6巻，第138号に掲載されました．「天文報知」のこの巻が刊行されたのは1828年6月ですが，論文の末尾にはアーベルの手で「1828年5月27日」という日付が記入されています．

5月26日には「クレルレの数学誌」の第3巻，第2分冊が刊行され，「楕円関数研究」の後半がそこに掲載されましたが，この論文がクリスチャニアのアーベルからベルリンのクレルレのもとに届いたのはずっと早く，2月12日と記録されています．

「楕円関数の変換に関するある一般的問題の解決」において，アーベルは興味の深い事柄をあれこれと書き並べました．そのひ

とつは,微分方程式

$$\frac{dy}{\sqrt{(1-c^2y^2)(1-e^2y^2)}} = a\frac{dx}{\sqrt{(1-c^2x^2)(1-e^2x^2)}}$$

の代数的積分を求めるという問題です.微分式に附随するモジュールが2個になっていますが,この点を除けば,すでに「楕円関数研究」の最終章で語られた問題と同じです.アーベルの所見も同じで,もしこの微分方程式が代数的積分を許容するなら,定量 a は必然的に

$$\mu' + \sqrt{-\mu}$$

という形でなければならないというのです.μ' と μ は有理数ですが,特に後者の有理数 μ は正であるべきであることを,アーベルは忘れずに言い添えました.この認識が,虚数乗法論の可能性を示唆するもっとも基本的な発見です.ここでは,この形の数を**虚2次数**と呼んでおくことにしたいと思います.

提示された微分方程式を積分して,

$$\int_0^y \frac{dy}{\sqrt{(1-c^2y^2)(1-e^2y^2)}} = a\int_0^x \frac{dx}{\sqrt{(1-c^2x^2)(1-e^2x^2)}} = a\alpha$$

と置くと,x と y は

$$y = \varphi(a\alpha), \quad x = \varphi(\alpha)$$

と表されます.それゆえ,上記の微分方程式が代数的積分を許容するという状況は,二つの楕円関数 $\varphi(a\alpha)$, $\varphi(\alpha)$ がある代数的関係で結ばれていることを意味しています.これを言い換えると,楕円関数 $\varphi(\alpha)$ が虚数乗法をもつということにほかなりません.

モジュールについてはどうかというと,a が虚2次数の場合,e と c はある代数方程式の根として認識されることが明記されました.この点は「楕円関数研究」には見られなかったことで,アーベルの認識は確かに深まったと言えるのですが,しかもモジュ

ール e, c は「冪根を用いて表される」と，アーベルは明言しました．虚2次数 a に対応するモジュール e, c を**特異モジュール**，特異モジュールが満たす代数方程式を**特異モジュラー方程式**と呼ぶことにすると，特異モジュラー方程式は代数的に可解であることが，ここに明記されました．

変換理論の続き

論文「楕円関数の変換に関するある一般的問題の解決」に続いて，アーベルはこの論文を補足する論文を書き，「本誌の第138号に掲載された楕円関数に関する論文への附記」という表題で，前論文と同じ「天文報知」の第7巻，第147号に掲載されました．掲載誌の刊行は1828年11月ですが，論文の末尾にアーベルが記入した日付は1828年9月25日です．

アーベルが「附記」で取り上げたのは，変数分離型微分方程式

$$\frac{dy}{\sqrt{(1-y^2)(1-c_1^2 y^2)}} = a\frac{dx}{\sqrt{(1-x^2)(1-c^2 x^2)}}$$

です．c_1 と c はモジュールですが，アーベルはここではどちらも実量で，しかも1より小さいという前提条件を課しました．右辺の係数 a は無限定で，実量でも虚量でもどちらでもさしつかえありません．

このような状況のもとで，この微分方程式の代数的積分をすべて見つけようというのですが，それだけならすでに「楕円関数研究」で言及されましたし，続いて「楕円関数の変換に関するある一般的問題の解決」において詳細に論じられました．ところが，モジュールが1より小さい実量の場合には，この問題は従来の手法とはまったく異なる方法で解決されることにアーベルは気づきました．それが「附記」のテーマです．

14. 虚数乗法をもつ楕円関数

「楕円関数研究」にならっていろいろな記号を準備しておかなければなりませんが,まず楕円積分

$$\theta = \int_0^x \frac{dx}{\sqrt{(1-x^2)(1-c^2x^2)}}$$

の逆関数を $\lambda(\theta)$ で表します.この関数は二つの周期 $2\omega, 2\omega'$ をもち,等式

$$\lambda((-1)^{m+m'}\theta + m\omega + m'\omega') = \lambda(\theta)$$

を満たします.周期は積分値

$$\frac{\omega}{2} = \int_0^1 \frac{dx}{\sqrt{(1-x^2)(1-c^2x^2)}}$$

$$\frac{\omega'}{2} = \int_0^{\frac{1}{c}} \frac{dx}{\sqrt{(1-x^2)(1-c^2x^2)}}$$

により与えられます.

モジュール c は 1 より小さい実量としていますので,ω は明らかに実量ですが,ω' は虚量です.実際,

$$\frac{\omega'}{2} = \int_0^1 \frac{dx}{\sqrt{(1-x^2)(1-c^2x^2)}} + \int_1^{\frac{1}{c}} \frac{dx}{\sqrt{(1-x^2)(1-c^2x^2)}}$$

$$= \frac{\omega}{2} + \sqrt{-1} \cdot \int_1^{\frac{1}{c}} \frac{dx}{\sqrt{(x^2-1)(1-c^2x^2)}}$$

と表されます.最後に現れた $\sqrt{-1}$ に乗じられている積分は明らかに実量ですが,アーベルにならってもう少し表記を工夫して,$b = \sqrt{1-c^2}$ と置いて変数変換 $x = \dfrac{1}{\sqrt{1-b^2y^2}}$ を行うと,積分の形が変って

$$\int_1^{\frac{1}{c}} \frac{dx}{\sqrt{(x^2-1)(1-c^2x^2)}} = \int_0^1 \frac{dx}{\sqrt{(1-x^2)(1-b^2x^2)}}$$

となります.そこでこの積分値を $\dfrac{\varpi}{2}$ で表すと,

$$\frac{\omega'}{2} = \frac{\omega}{2} + \sqrt{-1} \cdot \frac{\varpi}{2}$$

ときれいな形になります．$2\omega, 2\varpi\sqrt{-1}$ は逆関数 $\lambda(\theta)$ の周期を与え，等式

$$\lambda((-1)^m \theta + m\omega + m'\varpi\sqrt{-1}) = \lambda(\theta)$$

が成立します．

同様に，モジュール c_1 をもつ積分についても，

$$\frac{\omega_1}{2} = \int_0^1 \frac{dx}{\sqrt{(1-x^2)(1-c_1^2 x^2)}}$$

$$\frac{\varpi_1}{2} = \int_0^1 \frac{dx}{\sqrt{(1-x^2)(1-b_1^2 x^2)}}, \quad (ここで，b_1 = \sqrt{1-c_1^2})$$

と記号を定めます．

分離方程式の代数的可積分条件のもうひとつの表現様式

このように諸記号を定めるとき，アーベルは提示された微分方程式の代数的可積分条件を周期の言葉で言い表しました．可積分条件はモジュール c_1 と c の関係，それに定量 a の形に依存して定まるのですが，**もし代数的に積分可能なら，二つの周期比 $\dfrac{\omega_1}{\varpi_1}$ と $\dfrac{\varpi_1}{\omega_1}$ のどちらか一方は周期比 $\dfrac{\omega}{\varpi}$ と有理比をもたなければならない**ことを，アーベルはみいだしました．これを言い換えると，k と k' は有理数として，二つの等式

$$\frac{\omega_1}{\varpi_1} = k \frac{\omega}{\varpi}, \quad \frac{\varpi_1}{\omega_1} = k' \frac{\omega}{\varpi}$$

のどちらかが成立するということにほかなりません．

いろいろな場合を想定することにして，まず前者の等式は成立するけれども，後者は成立しないという場合には，δ は有理数として，

$$a = \delta \frac{\omega_1}{\omega}$$

という形の等式が成立します．これで定量 a が満たすべき条件もまた周期比の言葉で表されました．この場合には a は実量です．

次に，後者の等式は成立するけれども，前者の等式は成立しないという場合には，δ は有理数として，

$$a = \delta \frac{\varpi_1}{\omega}\sqrt{-1}$$

という形の等式が成立します．今度は a は純虚数です．

最後に，前者と後者の二つの等式が同時に成立する場合も考えられます．この場合には，係数 a は，δ と δ' は有理数として，

$$a = \delta \frac{\omega_1}{\omega} + \delta' \frac{\varpi_1}{\omega}\sqrt{-1}$$

という形になります．虚2次数がこうして出現します．

これらは代数的可積分であるための必要条件ですが，同時に十分条件でもあることをアーベルは示しました．

虚数乗法をもつ楕円関数

アーベルの論文「附記」の内容は以上の通りですが，最後にアーベルはある特別の場合の考察を書き留めました．それは，二つのモジュール c' と c が等しい場合です．この場合，微分方程式は

$$\frac{dy}{\sqrt{(1-y^2)(1-c^2y^2)}} = a\frac{dx}{\sqrt{(1-x^2)(1-c^2x^2)}}$$

という形になります．この方程式の代数的可積分条件を書き下したいのですが，まず係数 a は実量と規定すると，モジュール c に課される条件は何もありません．次に，a は虚量とすると，その形は大きく限定されて，

$$a = \delta + \delta'\sqrt{k}\cdot\sqrt{-1}, \quad \frac{\omega}{\varpi} = \sqrt{k}$$

となります.これを言い換えると,a は**周期比によって生成される虚2次数**です.

もう少し言葉を整理して,上記の微分方程式が適当な虚の係数 a に対して代数的可積分になる場合,モジュール c を特異モジュールと呼ぶのですが,そのとき虚数乗法子 a は必然的に,周期比によって生成される虚2次数になります.これが,特異モジュールをもつ楕円積分の逆関数 $\lambda(\theta)$ を**虚数乗法をもつ楕円関数**と呼ぶ理由です.

第15章
楕円関数論の将来
——虚数乗法論とアーベル関数論

楕円関数論の二つの泉

　楕円関数論をオイラーにさかのぼって説き起こし，ファニャノ，ラグランジュ，ルジャンドル，ヤコビとたどってようやくアーベルにたどりつき，アーベルの2論文「楕円関数研究」と「楕円関数の変換に関するある一般的問題の解決」の概観を終えたところですが，ここまでの歩みをあらためて振り返るとさまざまな感慨に襲われます．もっとも強い印象を受けるのは，アーベルの楕円関数論には異なる二つの泉が存在するという事実です．楕円関数と楕円積分という，この理論の鍵を握る二つの言葉の用法に揺れが見られますので，ここでは今日の流儀にしたがって，第1種楕円積分の逆関数を楕円関数と呼ぶことにして，楕円積分と楕円関数に関する諸理論の全体を楕円関数論と総称することにしたいと思いますが，楕円関数論のひとつの泉はオイラーの加法定理，もうひとつの泉はガウスとアーベルの等分理論です．

　オイラーの加法定理の実体は変数分離型の微分方程式の解法理論でした．オイラーはレムニスケート積分に由来するかんたんな形の微分方程式，すなわち

$$\frac{dx}{\sqrt{1-x^4}}=\frac{dy}{\sqrt{1-y^4}}$$

という微分方程式の代数的積分を求めることができず，行く手を

さえぎられていたのですが，そこにファニャノの数学論文集が届けられました．オイラーが一瞥すると，懸案の微分方程式の代数的積分の姿が目に入りました．ファニャノ自身は別段，微分方程式を解こうとしたわけではなかったのですし，それに，そこに記されていたのは1個の特殊積分にすぎなかったのですが，小さなヒントを得たオイラーはたちまち一般解を見つけることができました．

その後は一瀉千里．オイラーは微分方程式の形の一般化を大きく押し進め，微分方程式論の一区域を確立することに成功しました．楕円関数論はこうして始まったのですが，あくまでも微分方程式論という，オイラーが構築しようとしていた解析学の新領域において芽生えたという事実は忘れられません．

加法定理と等分方程式

オイラーは上記の変数分離型の微分方程式をみたすもっとも一般的な代数的積分を発見したのですが，その積分には加法定理が内包されています．加法定理が成立する以上，そこから倍角の公式が導かれるのは三角関数の場合と同様で，等分方程式が書き下されます．オイラーももとよりそのことに気づいていたのですが，ガウスのように等分方程式の解法の究明に向かうことはありませんでした．

これに対しガウスは当初から等分理論に関心を寄せていました．著作『アリトメチカ研究』(1801年)の第7章は円周等分方程式論にあてられていて，円周等分方程式の代数的可解性さえ示されているのですが，その第7章の冒頭にはレムニスケート積分がぽつんと書き留められています．等分理論の対象となりうるのは円周と円の弧長積分(円積分)とその逆関数(三角関数)だ

15. 楕円関数論の将来 —— 虚数乗法論とアーベル関数論

けではなく，レムニスケート曲線とレムニスケート曲線の弧長積分（レムニスケート積分）とその逆関数（レムニスケート関数）にたいしてもまた等分理論がありうることを，ガウスは早い時期から認識し，等分方程式の代数的可解性を考察していました．ガウスの思索の具体的な姿は遺された《数学日記》にあざやかに刻まれていますので，今では手に取るように鮮明にわかります．

ガウスの生前には公表されることはなかったのですが，『アリトメチカ研究』の第7章などに片鱗が現れていますので，アーベルは何事かを正しく洞察し，ガウスが書かなかった楕円関数の等分理論の構築に向かいました．ガウスが偉大なことはまちがいありませんが，真に恐るべきは見えない光景を遠くまで見通したアーベルの目の力です．

アーベルと時を同じくしてヤコビが現れて，変換理論の領域で大きな一歩を踏み出しました．変換理論というのはルジャンドルが苦心に苦心を払って構築しようとした理論ですが，ヤコビはこの領域でルジャンドルを越える発見に成功し，得られた結果をシューマッハーとルジャンドルに手紙で報告しました．シューマッハー宛の手紙の抜粋が，シューマッハーが主催する学術誌「天文報知」の第123号に掲載されました．手紙は2通あり，1通目の手紙の日付は1827年6月13日，2通目の日付は同年8月2日です．「天文報知」第123号が刊行されたのは1827年9月のことで，正確な日にちはわからないのですが，奇しくもこの月の20日の日付で「クレルレの数学誌」第2巻，第2分冊が発行され，そこにはアーベルの論文「楕円関数研究」の前半が掲載されていました．アーベルはヤコビの報告に衝撃を受けたようで，そのために「楕円関数研究」の後半の公表が遅れることになりました．

年が明けて，1828年2月12日付で「楕円関数研究」の後半がベルリンのクレルレのもとに届きましたが，その末尾には「前掲

論文への補記」が添えられていました．ヤコビは結果を報告するのみで証明は伝えなかったのですが，アーベルはヤコビが得た結果を自分の方法で証明したのでした．

「楕円関数研究」の後半は「クレルレの数学誌」の第3巻，第2分冊に掲載されました．

ヤコビの変換理論

だいぶ前に紹介したことがありますが，シューマッハーに宛てたヤコビの2通の書簡のうち，1827年6月13日付の第一書簡は，

> 楕円的超越物 (註．*transcendantes elliptiques* の訳語．楕円積分のこと．前に引用したときは楕円超越関数という訳語をあてました) に関するノートをお送りいたしますので，あなたの雑誌 (註．「天文報知」) に掲載していただけますよう，お願いいたします．私はこの理論においていくつかの非常に興味の深い発見をしたと自負しておりますが，それらを報告して幾何学者たちの判断にゆだねたく思います．

と書き出されています (65 頁参照)．ヤコビは楕円積分を

$$\int \frac{d\varphi}{\sqrt{1-cc\sin^2\varphi}}$$

という形に表記して，等式

$$\int \frac{d\varphi}{\sqrt{1-cc\sin^2\varphi}} = n\int \frac{d\theta}{\sqrt{1-cc\sin^2\theta}}$$

が成立するような変換を探索したのですが，$n=2$ のときは既知として，$n=3$ と $n=5$ の場合にも見つけたというのです．

15. 楕円関数論の将来 —— 虚数乗法論とアーベル関数論

$n=3$ の場合の変換なら実はルジャンドルは知っていて,『楕円関数とオイラー積分概論』という著作にすでに記述していました(この著作は第1巻が1825年,第2巻が1826年に刊行されたのですが,ヤコビはこの時点ではまだ入手していませんでした).これに対し,$n=5$ の場合の変換は正真正銘のヤコビの発見で,ルジャンドルにとってはこれだけでもすでに十分すぎるほどに驚くべきことでした.しかも8月2日付の2通目の手紙ではいっそう一般的な定理が提示され,それを用いると,たとえば $n=7$ に対してさえ,変換を見つけることができるというのですから,ルジャンドルの驚きもひとしおでした.

ヤコビがシューマッハーに報告したのは結果のみで,証明は伝えませんでした.ルジャンドルにも同様の手紙を書きましたが,やはり証明はありませんでした.その手紙の日付は8月5日であるにもかかわらず,ルジャンドルの手もとに届いたのは11月も末のころになったのですが,ルジャンドルのほうではシューマッハーから「天文報知」の第123号が送られてきていましたので,ヤコビの発見を承知していました.

ルジャンドルはヤコビの発見に驚愕し,証明を求めたのですが,ヤコビはヤコビで証明を書き上げようとしてたいへんな苦心を払った模様です.本来のヤコビのアイデアは,変換を与える有理式の係数を未定係数法によって確定しようとするものだった模様ですが,実際に公表されたヤコビの証明は第1種楕円積分の逆関数の諸性質に基づくものでした.証明の掲載誌は「天文報知」第127号.1827年12月に発行されました.

アーベルもまたヤコビの発見を知って衝撃を受けたようですが,その理由はルジャンドルの場合とは全然違いました.変換理論のことでしたらアーベルも認識していて,等分理論と並んで「楕円関数研究」の主題を構成しているほどだったのですが,前

半は等分理論に終始して、変換理論はまだ記述されていませんでした．そこにヤコビの発見が出現したため、アーベルは対応を迫られて、「楕円関数研究」の後半の末尾に「補記」を添えて、ヤコビの一般定理は自分の変換理論の特別の場合にすぎないことを示したのでした．

ヤコビはアーベルの「楕円関数研究」の前半を知っていましたから、第1種楕円積分の逆関数というアイデアをアーベルに学んだのであろうとも考えられますし、あるいはまた独自に同じアイデアを得たとも考えられます．真相は不明で、ときおり数学史上の話題になるのですが、ヤコビとアーベルは同時期にたまたま同じアイデアに達したと見てよいのではないかと思います．いずれにしても、この一件を機としてヤコビとアーベルは相互に深く認識しあうようになりました．ヤコビはアーベルの最大の理解者になり、アーベルが早世した後はアーベルの加法定理に現れた思想の延長線上にヤコビの逆問題を提示し、リーマンとヴァイエルシュトラスによるアーベル関数論の建設を誘いました．

「楕円関数論概説」

ヤコビは新しい楕円関数論を構想して『楕円関数論の新しい基礎』(1829年)という著作を著しましたが、著作の計画ならアーベルにもあったようで、亡くなる直前にルジャンドルに宛てた手紙の中でそんなことを書き綴っています．アーベルの著作はついに日の目を見なかったのですが、その代わり「楕円関数論概説」という長大な未完成論文が遺されました．

「楕円関数論概説」の目次は下記の通りです．

序　文　楕円関数に関する一般的な事柄
第1部

第Ⅰ章　楕円関数の一般的諸性質

第Ⅱ章　任意個数の楕円関数の間の，可能な限り最も一般的な関係式について

第Ⅲ章　同一の変化量と同一のモジュールをもつ任意個数の楕円関数の間の，可能な限り最も一般的な関係式の決定．すなわち，問題Cの解決．

第Ⅳ章　方程式 $(1-y^2)(1-c'^2y^2)=r^2(1-x^2)(1-c^2x^2)$ について

第Ⅴ章　モジュールに関する楕円関数の変換についての一般理論

「クレルレの数学誌」の第4巻に2回に分けて，第Ⅰ章から第Ⅲ章までは第3分冊，第Ⅳ章と第Ⅴ章は第4分冊に掲載されました．発行日はそれぞれ1829年6月10日と1829年7月31日ですからアーベルの没後のことになります．第Ⅴ章の途中で中断されたのですが，末尾に発行者，すなわちクレルレにより，

> この論文はここまでのところが発行者のもとに届けられた．アーベル氏はこの論文を完成することなく亡くなった．（「クレルレの数学誌」第4巻，348頁）

という脚註が附されました．

アーベルは第1部に続いて第2部を書くつもりだったのですが，第1部の途中で途切れてしまい，この計画は実現にいたりませんでした．アーベルの楕円関数論の全容は不明です．冒頭に長文の序文が配置されていて，そこに第1部とともに第2部のあらましがスケッチされていますので，わずかにうかがい知ることができるばかりです．

1881年，シローとリーが編纂した『アーベル全集』（全2巻）が刊行されましたが，それに先立って1874年に「楕円関数論概

説」の続く数頁が発見されるという出来事がありました．シローとリーはこれを「未発表原稿に基づく続篇」として収録しました．

楕円関数論とアーベル方程式

楕円関数の等分理論ではさまざまな代数方程式に出会いますが，アーベルはそれらの各々の代数的可解性を丹念に調べました．ガウスの円周等分方程式論にならったのですが，こんなふうにして多種多様な代数方程式を観察することにより，代数方程式論の世界は急に豊穣になりました．円周等分方程式の解法ということを考えるとき，「巡回方程式であること」への着目が本質的な役割を果たすというのがガウスの認識でしたが，これを範例としてアーベルが提示したのが「アーベル方程式」の概念でした．

アーベル方程式の概念の初出はアーベルの論文「ある特別の種類の代数的可解方程式の族について」です．掲載誌は「クレルレの数学誌」第4巻，第2分冊で，刊行されたのは1829年3月28日ですから，アーベルが亡くなる直前です．実際に執筆されたのはそれよりも1年も前のことで，論文の末尾に「1828年3月29日」という日付が記入されています．この論文において，アーベルはまず円周等分方程式の諸根の相互関係の巡回性を指摘し，続いて，

　　これと同じ性質は，私が楕円関数の理論を通じて到達した，ある種の方程式族にも備わっている．

と，アーベル方程式の淵源をはっきりと語りました．「楕円関数論概説」の序文を参照すると，アーベルは，特異モジュールをもつ楕円関数の周期等分方程式の代数的可解性を確信していた模

15. 楕円関数論の将来 ——虚数乗法論とアーベル関数論

様です.その方程式こそ,アーベル方程式の原型です.

アーベルが証明したのは次の定理です.アーベルの言葉をそのまま引いて紹介します.

> ある任意次数の方程式の根は,**すべての**根がそれらのうちのひとつを用いて有理的に表示されるという様式で,相互に結ばれているとしよう.そのひとつの根を x で表そう.また,さらに $\theta x, \theta_1 x$ は他の任意の 2 根を表すとするとき,
> $$\theta\theta_1 x = \theta_1 \theta x$$
> となるとしよう.このとき,ここで取り上げられている方程式はつねに代数的に可解である.

ここで語られているのがアーベル方程式ですが,「アーベル方程式」という言葉が確定するまでには多少の経緯がありました.この呼称を最初に用いたのはクロネッカーですが,クロネッカーのいうアーベル方程式は当初は巡回方程式のことでした.1877 年の論文「アーベル方程式について」において用語法を修正し,巡回方程式を「単純アーベル方程式」と呼び,アーベルが明示した根の相互関係をもつ方程式をあらためて「アーベル方程式」と呼びました.1882 年の論文「アーベル方程式の合成について」に移ると,用語法はもう一度変遷し,「単純アーベル方程式」は「アーベル方程式」にもどり,「アーベル方程式」には「多重アーベル方程式」という名前が与えられました.

方程式の代数的可解性を根本的に左右する要因は「諸根の相互関係」で,ガウスがこれを認識し,アーベルも継承したのですが,今日の代数方程式論では方程式のガロア群の構造との連繋のもとで代数的可解性を語るのが通例になっています.この流儀に沿うと,そのガロア群が「相互に交換可能な置換だけしか含まない」ような方程式に関心が向かいますが,カミーユ・ジョルダ

ンは『置換および代数方程式概論』(1870年) においてそのような方程式にアーベル方程式という呼称を与えました．

方程式の代数的可解性をめぐって

アーベルの大作『楕円関数論概説』は加法定理を根底に据えて楕円関数論全体を再構成しようとする試みで，変換理論，微分方程式論，等分理論が加法定理の土台の上に構築されつつある様子がうかがわれますが，この雄大な試みは未完成に終わりました．アーベルの楕円関数論を理解するには不可欠の文献ですが，たいへんな作業になることが予想されて容易に取りかかることもできませんので，他日を期したいと思います．ひとつだけ，代数方程式論に関連する言葉を拾うと，アーベルは

> モジュラー方程式は，そのすべての根がそれらのうちの2根を用いて有理的に表されるという注目すべき性質をもつ．

と明言しています．楕円関数の周期等分方程式の解法を振り返ると，$2n+1$ 等分の場合，$2n+2$ 次方程式と n 次方程式の解法に帰着され，n 次方程式のほうは代数的に可解であることが示されましたが，$2n+2$ 次方程式のほうは一般に代数的に可解ではないであろうという予測が表明されました．この $2n+2$ 次方程式の根の構成様式を観察すると，モジュラー方程式と同じであることもわかりました．

このような状勢に鑑みてモジュラー方程式の代数的可解性の判定という問題が大きく浮上するのですが，アーベルは序文において，「そのすべての根がそれらのうちの2根を用いて有理的に表される」と，不思議な言葉を書き留めました．モジュラー方程式にはこのような性質は備わっていないのですが，本文を見ると，周

15. 楕円関数論の将来 —— 虚数乗法論とアーベル関数論

期等分方程式に対してこの性質が明記され，証明も記されています．アーベルの全集を編纂したシローの註記を見ると，アーベルは本当は「周期等分方程式」と書くべきところをうっかり書きまちがえてしまったのだろうとのこと．この推測の通りであろうと思います．

それはともかくとして，注目に値するのは「そのすべての根がそれらのうちの2根を用いて有理的に表される」という，諸根の相互関係の表現様式です．アーベルの少し後に，1831年1月16日の日付で書かれたガロアの論文「方程式の冪根による可解条件について」の主定理は素次数既約方程式の代数的可解性の必要十分条件を与える命題ですが，その主定理というのは，

> 素次数既約方程式が冪根を用いて解けるためには，諸根のうち，ある2根が判明したとき，他の根がそれらの2根から有理的に導出されることが必要かつ十分である．

というのです．ガロアに及ぼされたアーベルの影響がありありと感知され，息をのむような思いです．

同じ場所で，ガロアはアーベルに由来するもうひとつの命題を語っています．等根をもたない方程式が与えられたとして，その根を $a, b, c, \cdots$ とします．それらの根の関数 V を作り，そのうえであらゆる仕方で諸根に置換を施すといろいろな値が得られますが，それらがすべて相異なるような関数 V が存在することを，ガロアはまず注意しました．そうして，そのような関数 V を用いると，提示された方程式の根はどれもみな V の有理式の形に表されるとガロアは指摘して，

> この命題はアーベルにより楕円関数に関する没後の論文において証明なしに挙げられた．

と書き添えました．

ガロアの「楕円関数に関するアーベルの没後の論文」が「楕円関数論概説」を指すのはまちがいありませんが，ガロアが指摘したアーベルの命題というのはどこにあるのでしょうか．気に掛かる疑問ですが，「楕円関数論概説」の序文をよく見ると，モジュラー方程式の諸根の相互関係に関する上記の言葉にすぐに続いて，

> 同様に，（モジュラー方程式の）すべての根を，それらのうちのひとつを用いて冪根を取ることによって表示することができる．

と記されています．ガロアが書いた命題そのものとは違いますが，とてもよく似ています．ガロアは9歳年上のアーベルが代数方程式論と楕円関数論において成し遂げたことに深い関心を寄せ，多くを学び取ったのでしょう．

アーベルの二人の継承者 ――クロネッカーとヤコビ

アーベルの楕円関数論をめぐって長々と書き続けてきましたが，アーベルの没後の論文「楕円関数論概説」の入口にたどりついたところで一段落の恰好になりました．ここから先に開かれていく世界は多彩です．楕円関数論の範疇に留まって，特異モジュールをもつ楕円関数の周期等分方程式の代数的可解性を追究したり，あるいはまた係数域を限定してアーベル方程式の構成問題を探索するという方向に進むのはひとつの大きな道筋です．アーベル自身もそのように歩もうとしていたに違いありませんが，早世したアーベルの心情をクロネッカーが汲んで，虚数乗法論の構想が大きく描かれました．ガウスの数論との融合さえ，そこにはありありと感知されます．

15. 楕円関数論の将来 ——虚数乗法論とアーベル関数論

　もうひとつの道は楕円関数を離れて一般のアーベル関数論の世界に続いています．アーベルがパリで書き上げた「パリの論文」や，「ある種の超越関数の 2, 3 の一般的性質に関する諸注意」(1828 年) や，「ある超越関数族のひとつの一般的性質の証明」(1829 年) で提示された加法定理が出発点になりますが，アーベルの没後，ヤコビはアーベルの数学的意志を継承して「ヤコビの逆問題」を提示して，ヴァイエルシュトラスとリーマンによる代数関数論の建設を誘いました．

　二つの道筋の共通の泉はアーベルで，そのアーベルの根底にはガウスがいます．行く先を展望すれば，二つの流れが出会う場所さえ，目に入りそうに思います．歴史的な関心を誘われる気宇の壮大なテーマですが，今後の課題として，取り上げる機会の訪れを楽しみに待ちたいと思います．

あとがき

　本書は現代数学社の数学誌「現代数学」に，2014年7月号から2015年9月号まで，15回にわたって連載された論攷「アーベルの楕円関数論」に基づいて成立しました．単行本の形で刊行されることになりましたので，あらためて全体を読み返して説明が不十分な個所を補い，多少の文言を書き加えて結構を整えました．アーベルの楕円関数論を中心として楕円関数論の形成史をおおむね概観することができましたが，行き届かなかったところもありますので，もう少し言葉を添えておきたいと思います．

レムニスケート曲線の発見

　アーベルの楕円関数論には謎めいた素朴な疑問が充満していますが，それらの大部分は歴史に根ざしていますので，アーベルの論文を読むだけでは解決することができません．アーベルを理解するにはアーベルにいたる道を明らかにしなければならないのですが，楕円関数論の黎明に立ち返るとオイラーとファニャノの邂逅というめざましい出来事に出会います．本書はそのあたりから説き起こしたのですが，ひととおり書き終えてから顧みるとレムニスケート曲線とレムニスケート積分についてもう少し書き添えておくべきだったと悔やまれました．本書の主題はあくまでもアーベルですので，そこにまで言及しなくてもよいのではと思ったのです．

ファニャノはレムニスケート曲線の弧長積分，すなわちレムニスケート積分を同じレムニスケート積分に変換する変数変換を発見したのですが，オイラーの目には，その変数変換は懸案の変数分離型微分方程式のひとつの代数的積分のように映じました．オイラーの楕円関数論はここから紡がれ始めたのですが，ではファニャノはなぜレムニスケート曲線に関心を示したのかというと，ベルヌーイ兄弟の発見に影響を受けたためでした．1694年のことですが，ベルヌーイ兄弟はイソクロナ・パラケントリカ（側心等時曲線）の作図という問題を取り上げて，これをレムニスケート曲線の作図に帰着させました．そこでファニャノはなお一歩を進めて，レムニスケート曲線の作図をいっそうかんたんそうに見える楕円や双曲線の作図に帰着させようという考えに傾いて，レムニスケート積分を楕円や双曲線の弧長積分に変換する変数変換を見つけようとしたのですが，このような思索へとファニャノを誘ったベルヌーイ兄弟の研究については本書では何も語りませんでした．そのあたりの消息について，ここで多少補っておきたいと思います．

　レムニスケート曲線は一連の経緯の末に発見されたのですが，発端は1689年4月の学術誌「学術論叢（アクタ・エルディトールム）」に掲載されたライプニッツの論文でした．等時曲線を論じる論文ですが，等時曲線にもいろいろなものがあるようで，ライプニッツは末尾のあたりに「もうひとつの等時曲線」を求める問題を提示しました．それが側心等時曲線（isochrona paracentrica，イソクロナ・パラケントリカ）です．この呼称はヨハン・ベルヌーイによるもので，ライプニッツ自身は特別の名前を与えませんでした．イソクロナ・パラケントリカというのは略述すると次のような曲線です．重力のみが作用する垂直平面にその曲線が描かれていて，その上のどこかしらに質点が配置さ

れ，重力の作用を受けて曲線に沿って降下していく状況を想定します．垂直平面上に，重力が作用する方向と直交するように一本の無限直線を引き，これを水平線と呼ぶことにします．水平線と曲線は一点 M において交叉するとします．質点の当初の配置場所が水平線の上部であれば，質点は重力の作用を受けて水平線に向って近づいていきますし，質点の配置場所が水平線の下部なら，水平線から遠ざかっていきます．その際，質点の動きが一様であれば，言い換えると，接近する速度もしくは遠ざかる速度が一定であれば，さらに言い換えると，曲線と水平線との交点 M から曲線上の点 P までの距離 r が時間 t に比例するという性質を備えた曲線がイソクロナ・パラケントリカです．ライプニッツの要請に応じてベルヌーイ兄弟は即座に反応したようで，1691-92 年に成立したヨハンの積分法講義録にはすでにイソクロナ・パラケントリカが満たすべき微分方程式

$$(xdx+ydy)\sqrt{y} = (xdy-ydx)\sqrt{a} \quad (a は定数)$$

が書き留められています．ライプニッツが創始した逆接線法をこの微分方程式に適用し，x と y を連繋する方程式を書き下すことができたなら，その方程式を手掛かりにしてイソクロナ・パラケントリカが作図されるのですが，逆接線法の適用といってもやすやすと遂行されるわけではありませんので，ここに工夫の余地がありました．

ヤコブは 1694 年 6 月の「学術論叢」に掲載された論文で，変数変換

$$y = \frac{tz}{a},\ x = \frac{t\sqrt{a^2-z^2}}{a}$$

を行うことにより，ヨハンが書いた微分方程式を変数分離型の方程式

$$\frac{dr}{\sqrt{ar}} = \frac{a\,dz}{\sqrt{az(a^2-z^2)}}$$

に変換しました．右辺の微分式は変数変換 $z = \dfrac{u^2}{a}$ により

$\dfrac{2a\,du}{\sqrt{a^4-u^4}}$ という形に変換され，ここにレムニスケート曲線の線素が現れますが，ヤコビもヨハンもレムニスケート曲線を知っていたわけではありませんので，究明はさらに続きます．

ヤコブはこの微分式は何らかの代数曲線の線素であろうと想定しての探索を続けて成功し，1694年9月の「学術論叢」に寄せた論文において，その曲線の方程式

$$x^2 + y^2 = a\sqrt{x^2 - y^2}$$

を書き下し，これを「リボンの結び目」，「数字の8の字の形」，「結び目でもつれたひも」，「lemniscus（レムニスクス）」などと呼びました．レムニスクスはリボンの意で，古いギリシア語 lemniskos（レムニスコス）に由来するラテン語です．エーゲ海北部のレムノス島では髪飾りを固定するのにリボンを使う風習があり，そこからレムニスコスという言葉が生れました．ヨハンもまた翌月の1694年10月の「学術論叢」に論文を寄せて，同じ結果に到達しました．「ベルヌーイのレムニスケート」(lemniscate はレムニスクスの英語表記) がこうして発見されました．

「楕円関数」という言葉について

アーベルの論文「楕円関数研究」にはルジャンドルの著作『積分計算演習』が登場しますが，この作品の原書名に見られる transcendannntes の訳語をどうしたものか，そのつど大いに迷いました．「超越的なもの」という意味の言葉ですので，transcendantes elliptiques であれば「楕円的超越物」とすればよいのですが，あまりよい訳語と思われないところに悩みがありま

した．ルジャンドルの意図を忖度すると，さまざまな「超越的なるもの」に序列があり，それらの中から特に「楕円的なもの」に着目して諸性質を深く探究するところに本意があり，そのために「楕円的なもの」に対して「楕円関数」という呼称を提案しました．『積分計算演習』の第1巻，第1部の表題は Fonctions elliptiques とされていて，これならまぎれもなく「楕円関数」です．

アーベルの論文「楕円関数研究」にはルジャンドルの語法が踏襲されていますが，ヤコビの論文には依然として transcendantes elliptiques という言葉が見られます．本書の 65 頁では「楕円超越関数」という訳語をあてて紹介しました．そのほうが日本語として響きがよさそうな感じがしたのでそうしたのですが，本当は「楕円的超越物」とするところです．このあたりの言葉の使い分けについてはヤコビも思いめぐらすところがあったようで，「楕円関数」という言葉は第1種楕円積分の逆関数にこそ相応しいという考えに傾くとともに，ルジャンドルのいう楕円関数に対しては楕円積分という呼称を提案しました．このヤコビの流儀は今日まで受け継がれています．

等分理論の泉

楕円関数論の2本の柱は微分方程式論と等分理論です．微分方程式論というのは一般理論ではなく，アーベルが「楕円関数研究」の冒頭で引用したような特別な形の変数分離型微分方程式を提示して，その代数的積分を求めることをめざす理論で，オイラーが端緒を開きました．探究する代数的積分の形を有理関数に限定すると，ルジャンドルが試みてヤコビとアーベルが継承した変換理論になります．この変換理論を完全に一般的な形で解決するためにアーベルが提案したのが，第1種楕円積分の逆関数

の諸性質を利用するというアイデアでした．このアイデアの力は非常に強力で，アーベルは大きな成功をおさめたのですが，その様子は「楕円関数研究」に詳述されています．求める有理数の係数を逆関数の特殊値として定めようとするところに，成功の秘訣がありました．変換理論の叙述は「楕円関数研究」の主要な一区域を形成しています．

変換理論と並ぶ楕円関数論のもうひとつの柱は等分理論ですが，その源泉はファニャノのようでもあり，ガウスのようでもあります．あるいは，等分理論の泉は二つ存在すると見るほうが正確なのかもしれません．ファニャノはレムニスケート曲線の等分理論をあざやかに押し進め，少なくとも古典ギリシアに見られた円周の等分理論の域に達したのはまちがいありません．ファニャノ自身も自分の発見が大いに気に入ったようで，レムニスケート曲線のことを「私の曲線」と呼んでいるほどですが，ここにおいて不可解な印象を受けるのは，ガウスはファニャノを語らないという一事です．ガウスばかりではなくアーベルもまたファニャノを語りません．ルジャンドルの著作にはファニャノへの言及があり，アーベルは承知しているはずなのですが，なぜ無視しているのでしょうか．

このあたりの消息の真相は不明ですが，ガウスは若い日にレムニスケート曲線を幾何学的に17個の弧に等分する方法を発見し，そのことを《数学日記》の第1項目に書き留めました．これだけでもすでにファニャノをこえているのですし，楕円関数論の等分理論の泉をガウスと見るべき理由として十分すぎるほどですが，ただひとつ，ガウスは思索の果実を公表しませんでした．著作『アリトメチカ研究』の第7章の冒頭にレムニスケート積分を書き留めるなど，ヒントとも言いえないような片鱗を見せただけだったにもかかわらず，アーベルはガウスの数学的企図を洞察し

てまったく独自に楕円関数の等分理論を構築しました．等分理論の叙述は「楕円関数研究」においてもっとも重い位置を占めています．

巡回方程式とアーベル方程式

　第1種楕円積分の逆関数は今日の用語法では楕円関数と呼ばれていますが，ここでは「アーベルの逆関数」，もしくは単に「逆関数」と呼ぶことにします．アーベルの逆関数は変換理論に応用されて際立った働きを示しましたが，その場面で発揮されたのはあくまでも補助的な力です．これに対し等分理論では主役に転じ，等分される対象はアーベルの逆関数そのものです．特別の場合としてレムニスケート積分の逆関数，すなわちレムニスケート関数を取り上げると，その等分はレムニスケート曲線の等分に対応して幾何学的な意味合いをもちますが，一般の逆関数の等分を考察する場合には純粋に代数方程式の解法理論に直面します．楕円関数論と代数方程式論がこうして際会し，この出会いがよい機縁となり，二つの理論は大きな一曲のソナタの二つの主題となって，新たに進むべき道を見出しました．

　代数方程式の代数的可解性を左右するもっとも根本的な要因は何かと問われたなら，「諸根の相互関係」と即座に応じるのがガウスの流儀でした．ガウスはこの基本思想を円周等分方程式に適用し，円周等分方程式の諸根の巡回性を見出したのですが，どのようにしたのかというと複素指数関数の力を借りたのでした．円周等分方程式

$$X = \frac{x^n - 1}{x - 1} = x^{n-1} + x^{n-2} + \cdots + 1 = 0$$

の根は複素指数関数 $\varphi(z) = e^z$ の特殊値として，

$$\alpha, \alpha^2, \alpha^3, \cdots, \alpha^{n-1} \ (\alpha = e^{\frac{2\pi i}{n}})$$

というふうに整然と表示されますが，これを言い換えると，複素指数関数という超越関数を用いて，円周等分方程式をいわば「超越的に」解いたということにほかなりません．いったんこんなふうに超越的に解き，それから（n は奇数として）n の原始根の支援を受けると，諸根の巡回性が明るみに出されます．そこでその事実を梃子にして代数的な式変形の手続きを重ねると，根の代数的表示が手に入ります．

アーベルはガウスのアイデアに隠された秘密を見抜き，ガウスと同じ手法でアーベルの逆関数の等分方程式の代数的解法をめざしました．まず諸根を逆関数の特殊値の形で表示し，次に逆関数の諸性質に依拠して諸根の配置を変更して特殊な相互関係が顕わになるようにするという道筋をたどるのですが，この手順を踏んで代数的に解ける方程式はたいてい巡回方程式でした．「楕円関数研究」で見ると，まず一般等分方程式は代数的に解けることが示されました．「楕円関数研究」の時点では巡回性が表に打ち出されているようには見えませんが，遺稿になった「楕円関数論概説」には明示されています．次に特殊等分方程式，すなわち周期等分方程式は二つの低次数方程式に帰着され，片方は巡回方程式になるので代数的に解けますが，モジュラー方程式と呼ばれるもう一方の方程式についてはむずかしく，一般に代数的には解けないであろうとアーベルは予想しました．

一般には不可能であっても，何かしら特定の状況のもとでなら代数的に解けることがあります．たとえば，レムニスケート関数の周期等分方程式であれば，n が $4\nu+1$ という形の素数の場合には代数的に解けることをアーベルは「楕円関数研究」において示しました．周期等分方程式そのものが代数的解けるなら，モジュラー方程式もまたもちろん代数的に可解であることになりますが，その根拠になったのは「レムニスケート関数は虚数乗法をも

つ」という事実でした．この観点はまったくアーベルに独自のもので，ガウスの視線もここまでは及んでいなかったであろうと思います（もっともガウスは代数方程式の代数的解法ということをあまり重要視していませんでした）．

楕円関数が虚数乗法をもつなら，その周期等分方程式は代数的に解けるのではないかというのがアーベルの想定で，「楕円関数研究」の最後の第 10 章にそのように記されています．これを確立するには巡回方程式の概念では足らず，新しい形の諸根の相互関係を見出す必要がありますが，アーベルはそれをアーベル方程式という形で提示し，虚数乗法をもつ楕円関数の周期等分方程式はアーベル方程式であることを示そうとしたのでした．

語られたのは想定のみで証明はありませんが，アーベルは「楕円関数研究」の続篇を企画していたようで，

> これらの定理の証明は，目下私が研究を進めていて，まもなく実現可能になると思われる楕円関数に関するある非常に広範な理論の一部分を成す．

と書き添えています．未完に終わり，アーベルの没後に「クレルレの数学誌」に掲載された遺稿「楕円関数論概説」において，思索の全容を十分に繰り広げる考えだったのでしょう．

虚数乗法をもつ楕円関数

アーベル方程式が語られたのは「ある特別の種類の代数的可解方程式族について」という論文においてのことですが，序文でアーベル方程式の概念を提示した後に，

> この理論を一般的な様式で表明した後に，私はこれを円関数と楕円関数に適用したいと思う．

と附言しました．円関数への応用については，余弦関数の周期等分方程式は（巡回方程式をこえて）アーベル方程式であることが示されて実現したのですが，アーベルの筆は楕円関数への応用には及びませんでした．

この間の消息をもう少し語っておきたいと思います．この論文の末尾には「1828 年 3 月 29 日」という日付が記入されていますが，実際に掲載されたのは「クレルレの数学誌」の第 4 巻，第 2 分冊で，その刊行日は 1829 年 3 月 28 日ですから，アーベルが病気で亡くなる直前のことでした．掲載にあたって，論文の末尾に「クレルレの数学誌」を主宰するクレルレ自身が脚註を附し，「この論文の著者は他の機会に楕円関数への応用を与えるであろう」とこれからの見通しを伝えました．クレルレはアーベルの病気を知らなかったのでしょう．

アーベル自身の言葉やクレルレの註記を見ると，アーベルは「楕円関数研究」の続篇を書こうとする意欲をもっていた様子がうかがわれます．該当する作品として念頭に浮かぶのは「楕円関数論概論」ですが，「楕円関数研究」の第 2 部の企画もあり，断片が残されています．いずれにしてもアーベルの歩みが虚数乗法論に向っていたのはまちがいなく，あと 1 年の人生があれば，アーベルは「虚数乗法をもつ逆関数の周期等分方程式はアーベル方程式である」という命題を提示して証明を記述したと思われますが，実現にいたりませんでした．本書の究極のねらいも実はそこにありました．そこまで筆が及んではじめてアーベル方程式の概念は楕円関数論に由来することが明らかになるのですが，アーベルの人生とともに，本書もまたその様子を垣間見ようとしたところで終りました．アーベルの虚数乗法論はクロネッカーに継承されました．

オイラーへの回帰

第1種楕円積分にはモジュールと呼ばれる定量が介在していますので、第1種逆関数もまたモジュールにより制御されることになります。逆関数が虚数乗法をもつか否かを左右するのもモジュールで、虚数乗法をもつ場合のモジュールは特異モジュールという名で呼ばれています。この呼称を提案したのはクロネッカーです。

虚数乗法をもつ楕円関数という概念の由来を考えると、

$$\frac{dy}{\sqrt{(1-y^2)(1+\mu y^2)}} = a\frac{dx}{\sqrt{(1-x^2)(1+\mu x^2)}}$$

という、特別のタイプの変数分離型の微分方程式に出会います。特別というのは、右辺の定量 a として複素数が採られているところを指しているのですが、このような微分方程式を設定して、代数的積分の可能性を問うたところにアーベルに固有の創意が認められます。代数的に積分可能の場合には x と y を結ぶ代数方程式が生じますが、両辺の微分式に積分記号を付けて第1種楕円積分

$$\alpha = \int_0^x \frac{dx}{\sqrt{(1-x^2)(1+\mu x^2)}}$$

の逆関数 $x = f(\alpha)$ に移れば、求められた代数方程式は $f(\alpha)$ と $f(\mu\alpha)$ の間に成立する代数的関係を表しています。そこで今日ではこの性質をもって虚数乗法をもつ楕円関数の定義とする流儀が行われているのですが、泉を求めて歴史を回想するとおのずとオイラーに回帰して、微分方程式論と等分理論が融合する場所にたどりつきます。上記の微分方程式のそのまた原型も存在します。それは

$$\frac{dx}{\sqrt{1-x^4}} + \frac{dy}{\sqrt{1-y^4}} = 0$$

という微分方程式で，オイラーはこの方程式の代数的積分を探索して行き詰まったところでファニャノの論文集に接し，活路を開いたのでした．ガウスの『アリトメチカ研究』の第7章の冒頭にぽつんと書かれた1個のレムニスケート積分を見て等分理論へと誘われたアーベルは，同時にオイラーの出発点に立ち返ることのできた人でもありました．

　西欧近代の数学史を彩るあまたある数学者たちの中で一番好きな数学者はと問われたなら，ためらうことなくアーベルの名を挙げたいと思います．代数方程式論と楕円関数論を通じてアーベルの真価を語りたいと願いながら2冊の本（『大数学者の数学アーベル』の前編と後編）を書きました．抽象の時代が長く続いた数学も今また転機にさしかかっているような気配も感じられますが，アーベルの回想は必ずや数学に新時代を開く機縁となることと確信しています．

平成28年6月15日
高瀬正仁

参考文献

- 高瀬正仁『双書11・大数学者の数学アーベル(前編)不可能の証明へ』(現代数学社, 2014年7月14日発行)
- 『アーベル／ガロア楕円関数論』(訳：高瀬正仁, 朝倉書店, 1998年4月25日発行)

人名表

ゴットフリート・ヴィルヘルム・ライプニッツ

Gottfried Wilhelm von Leibniz

(生) 1646年7月1日　ライプチヒ(ドイツ)

(没) 1716年11月14日　ハノーファー(ドイツ)

ジュリオ・カルロ・ファニャノ・デイ・トスキ

Giulio Carlo Fagnano dei Toschi

(生) 1715年1月31日　シニガーリャ(イタリア)

(没) 1797年5月14日　シニガーリャ(イタリア)

ヤコブ・ベルヌーイ

Jacob Bernoulli

(生) 1654年12月27日　バーゼル(スイス)

(没) 1705年8月16日　バーゼル(スイス)

ヨハン・ベルヌーイ

Johann Bernoulli

(生) 1646年7月1日　バーゼル(スイス)

(没) 1716年11月14日　バーゼル(スイス)

レオンハルト・オイラー

Leonhard Euler

(生) 1707年4月15日　バーゼル(スイス)

(没) 1783年9月18日　サンクト・ペテルブルク(ロシア)

ジョン・ランデン
John Landen
(生) 1719 年 1 月 23 日　ピーカーク (イギリス)
(没) 1790 年 1 月 15 日　ミルトン (イギリス)

ジョゼフ＝ルイ・ラグランジュ
Joseph-Louis Lagrange
(生) 1736 年 1 月 25 日　トリノ, サルデーニャ - ピエモンテ (イタリア)
(没) 1813 年 4 月 10 日　パリ (フランス)

ニールス・ヘンリック・アーベル
Niels Henrik Abel
(生) 1802 年 8 月 5 日　フィンネイ (ノルウェー)
(没) 1829 年 4 月 6 日　フローラン (ノルウェー)

アオグスト・レオポルト・クレルレ
August Leopold Crelle
(生) 1780 年 3 月 11 日　アイヒヴェーダァ (ドイツ)
(没) 1855 年 10 月 6 日　ベルリン (ドイツ)

カール・グスタフ・ヤコブ・ヤコビ
Carl Gustav Jacob Jacobi
(生) 1804 年 12 月 10 日　ポツダム (ドイツ)
(没) 1851 年 2 月 18 日　ベルリン (ドイツ)

アドリアン＝マリ・ルジャンドル
Adrien-Marie Legendre
(生) 1752 年 9 月 18 日　パリ (フランス)
(没) 1833 年 1 月 10 日　パリ (フランス)

索 引

【あ行】

アーベル 1, 13, 27, 57, 83, 88, 101, 117, 132, 147, 159, 173, 189, 201
アーベル関数論 206, 213
『アーベル全集』 207
アーベル方程式 9, 106, 158, 160, 161, 208, 209
"Acta eruditorum"（アクタ・エルディートルム．学術論叢） 30
『アリトメチカ研究』 1, 146, 147, 149, 166, 202, 203
「ある種の超越関数の2,3の一般的性質に関する諸注意」 213
「ある特別の種類の代数的可解方程式族について」 9, 161
イソクロナ・パラケントリカ（側心等時曲線） 29, 30, 31, 73, 83, 84
一般等分方程式 107, 110, 122, 123, 138
一般等分理論 57, 131
ヴァイエルシュトラス 101, 206, 213
n 倍角の公式 54
エネストレーム 15
エネストレームナンバー 15
円周等分 146
円周等分方程式 130, 131, 168, 202
オイラー 10, 11, 12, 13, 17, 19, 21, 22, 24, 50, 51, 53, 57, 58, 59, 61, 62, 69, 71, 72, 74, 76, 77, 80, 85, 87, 94, 117, 120, 122, 186, 190, 201, 202
オットー・メンケ 29

【か行】

『解析概論』 34
加法定理 93, 94, 103, 201, 202, 206, 210
カミーユ・ジョルダン 209
カルダノ 123
完全積分 16
完全積分方程式 18
完全代数的積分 59, 60
ガウス 1, 117, 130, 145, 149, 166, 174, 178, 202, 203, 209, 212, 213
ガウス整数 166, 178
ガロア 185, 211, 212
ガロア群 209
虚数乗法 148, 161, 164, 165, 178, 190
虚数乗法論 106, 158
虚数乗法をもつ楕円関数 200
虚数等分 166
虚数等分方程式 175, 176
虚2次数 195, 200
『近世数学史談』 1
逆関数 101, 105, 122, 174, 190, 197, 198, 200, 201
クレルレ 3, 4, 194, 207

「クレルレの数学誌」 1, 4, 8, 89, 194, 203, 204, 207
クロネッカー 187, 209, 212
原始根 149
コーシー 19, 72, 101

【さ行】

『さまざまな位数の超越関数と求積法に関する積分計算演習』 64
3倍角の公式 54
シロー 8, 207, 211
シューマッハー 5, 6, 64, 65, 194, 203, 204, 205
周期等分値 110
周期等分方程式 111, 139, 145, 211
新計算 69
巡回方程式 156, 167, 208
「純粋数学と応用数学のためのジャーナル」 2
《数学日記》 145, 146, 203
『積分計算演習』 182
『積分演習』 64, 65, 66, 87

【た行】

高木貞治 1, 34
第1種逆関数 89
第1種楕円関数 89, 90, 122
第1種楕円積分 190, 201
第1種,第2種,第3種の楕円関数 88
代数的積分 18, 20, 38, 185, 189, 191, 194, 195, 196

楕円 33, 36
楕円関数 84, 85, 94, 201
「楕円関数研究」 1, 2, 3, 4, 7, 8, 9, 27, 62, 88, 89, 106, 112, 122, 159, 165, 180, 182, 185, 186, 190, 194, 195, 197, 201, 204, 206
『楕円関数とオイラー積分概論』 87
「楕円関数の変換に関するある一般的問題の解決」 9, 194, 196
「楕円関数論概説」 9, 206, 207, 210, 212
『楕円関数論の新しい基礎』 90, 206
楕円的な関数 85
楕円的な超越物 81, 85
ダニエル・ベルヌーイ 15
ダランベール 68
『置換および代数方程式概論』 210
直角三角形の基本定理 165, 178
直角双曲線 34
「天文報知」 5, 6, 8, 65, 194, 196, 203, 205
等分方程式 105, 106
等分理論 51, 117, 201, 205, 210
等辺双曲線 34, 36
特異モジュール 160, 196, 200
特異モジュラー方程式 187, 192, 193, 196
特殊積分 16
特殊等分方程式 107, 108, 111, 123, 139, 145, 147, 148, 159, 160, 165, 175, 177, 184

【な行】

ニコラウス・ベルヌーイ 15

2重周期性 100

2倍角の公式 54, 105

ニュートン 68

【は行】

「パリの論文」 8, 213

ファニャノ 16, 17, 21, 23, 24, 27, 31, 33, 37, 41, 50, 53, 57, 62, 69, 70, 73, 74, 76, 83, 84, 85, 120, 173, 174, 201, 202

フェルマ 165, 178

フェルマ素数 178, 181

フェルマの小定理 149

「不可能の証明」 3, 138, 155

「附記」 196, 199

分離方程式 10, 59, 62, 185

変化量 17

変換理論 66, 117, 190, 194, 203, 205, 210

ベルヌーイ兄弟 24, 30, 69, 73, 74, 83, 84, 85

「方程式の冪根による可解条件について」 211

ホルンボエ 8

【ま行】

マクローリン 68

マクローリン展開 68

『無限解析序説』 17

モジュール 65, 79, 90, 138, 160, 182, 185, 186, 191, 193, 195, 196, 197, 198

モジュラー方程式 144, 148, 157, 184, 185, 210, 212

【や行】

ヤコビ 5, 6, 7, 64, 65, 66, 83, 90, 117, 182, 201, 203, 204, 205, 206, 213

ヤコビの逆問題 206, 213

ヤコブ・ベルマン 15

「4次剰余の理論 第2論文」 166

4次の相互法則 166

ヨハン・ベルヌーイ 15

4倍角の公式 54

【ら行】

ライプニッツ 24, 29, 30, 69, 85

ラグランジュ 10, 13, 62, 77, 78, 85, 87, 151, 201

ラグランジュの分解式 151

ランデン 78, 79, 81, 85, 87

ランデン変換 78, 79, 81

リー 8, 207

リーマン 101, 206, 213

『流率概論』 68

流率法 68

ルジャンドル 5, 6, 10, 62, 63, 64, 65, 66, 71, 72, 74, 75, 77, 80, 84, 85, 87, 88, 90, 94, 182, 190, 201, 203, 205

レムニスケート 25, 73

レムニスケート関数　120, 145, 146, 161, 162, 164, 165, 166, 167, 168, 173, 177, 178, 181, 190, 203

レムニスケート関数の加法定理　121, 176

レムニスケート曲線　27, 31, 33, 37, 44, 46, 51, 83, 145, 146, 173, 174, 203

レムニスケート積分　27, 29, 31, 37, 57, 83, 120, 145, 146, 161, 165, 174, 181, 201, 203

レムニスケート積分の加法定理　53, 54, 122

レムニスケート積分の2倍角の公式　58

ロピタル　69

著者紹介：

高瀬正仁（たかせ・まさひと）

昭和26年(1951年)，群馬県勢多郡東村(現在，みどり市)に生れる．数学者・数学史家．専門は多変数関数論と近代数学史．2009年度日本数学会賞出版賞受賞．歌誌「風日」同人．

著書：

『岡潔とその時代　評伝岡潔　虹の章Ⅰ正法眼蔵』．みみずく舎，平成25年．

『岡潔とその時代　評伝岡潔　虹の章Ⅱ龍神温泉の旅』．みみずく舎，平成25年．

『アーベル（前編）不可能の証明へ』．現代数学社〈双書・大数学者の数学11〉，平成26年．

『紀見峠を越えて　岡潔時代の数学の回想』．萬書房，平成26年．

『高木貞治とその時代　西欧近代の数学と日本』．東京大学出版会，平成27年．　　　　　　　　　　　　　　　　　　　　　　　　　他多数

翻訳：

『ヤコビ楕円関数原論』（ヤコビの著作『楕円関数論の新しい基礎』の翻訳書）．講談社サイエンティフィク，平成24年．

『ガウス　数論論文集』（ガウスの数論に関する全論文5篇の翻訳書）．筑摩書房（ちくま学芸文庫 Math & Science），平成24年．

『ガウスの《数学日記》』（訳と解説：高瀬正仁，亀書房制作，日本評論社発行，平成25年）　　　　　　　　　　　　　　　　　　　　　他多数

双書⑯・大数学者の数学／アーベル（後編）

楕円関数論への道

2016年7月21日　初版1刷発行

著　者　　高瀬正仁

発行者　　富田　淳

発行所　　株式会社　現代数学社

〒606-8425　京都市左京区鹿ヶ谷西寺ノ前町1

TEL075 (751) 0727　　FAX 075 (744) 0906

http://www.gensu.co.jp/

検印省略

ⓒ Masahito Takase, 2016
Printed in Japan

印刷・製本　　亜細亜印刷株式会社

装　丁　Espace／espace3@me.com

ISBN 978-4-7687-0455-4　　　落丁・乱丁はお取替え致します．